U0221482

CASA妈咪幸福整理术

整理家就是整理内心

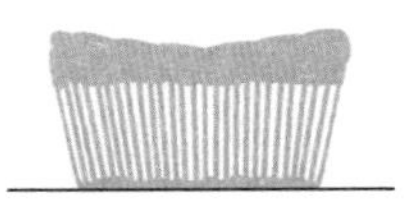

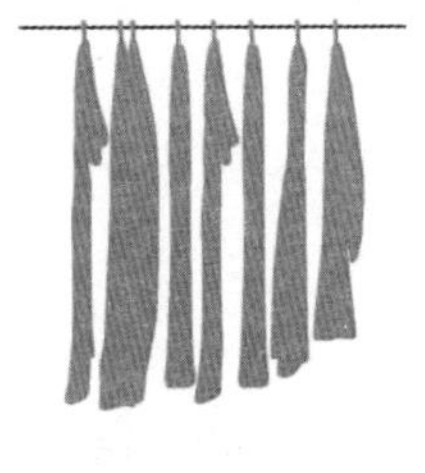

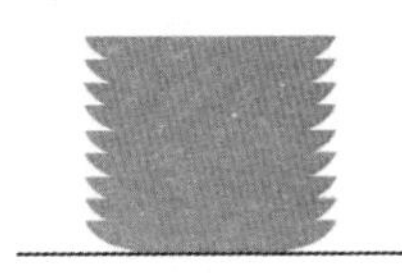

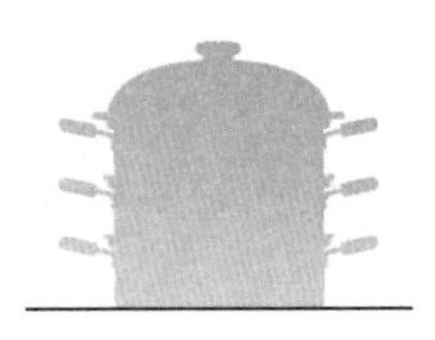

[韩]沈贤珠/著
张亚东/译

中国铁道出版社
CHINA RAILWAY PUBLISHING HOUSE

p r o l o g u e

通过整理　享受心灵的康复还有愉快的生活变化

2006 年，第一次讲家居收纳课的时候，真的很令我激动。那个时候，在韩国还没有以收纳为主题的讲座，也没有榜样可以作为参考，我曾一度怀疑自己这样讲是否可行。虽然我没有表现出来这种想法，不过在我的内心还是难免会有一些害怕，但是我没有回避它。

我不是什么了不起的职业讲师，但是我坚信，我在生活中一个个接触与领悟到的收纳方法会对大家有所帮助。就这样，我管理的博客在收纳这个领域开始渐渐地被人们所了解，访问我的博客的人渐渐地多了起来。也许正是得益于此，我的那些创意和收纳技巧吸引来了更多的人。自然而然地，我也收到了来自更多地方的授课邀请。不负众望，讲义的内容也慢慢地在进化。而第一次讲课时的那种紧张感，现在也变成了堂堂正正的自信感。

每次看着大家脸上满意的表情，都会令我感到做这件事情是多么有意义。

人们边听讲义边点头，好像简单的收纳技巧也可以令人看见新世界一样兴奋。大概就是那时，人们听完我的讲座之后，很多人表示不再认为收纳是件很难的事。而我也真为大家不用再因整理物品而烦恼，能生活在一个干净利落的家里而感到心喜。

然而不知从什么时候开始，渐渐充满自信的我却开始感到有些力不从心了。

充满自信的日子到一定程度，我渐渐看出了一些问题。

不管再怎么好好准备讲义，实际上能回到家里亲手试试看的人却并没有多少。看起来人们听讲义的时候好像恨不得马上就回家要试试，但是那么多人中间真正能实践的人恐怕连 10% 都没有。

3 年前，我的第一本书《Casa 妈咪幸福收纳》出版的时候恐怕也是遭遇了类似的情况。

不习惯访问博客的人，以及那些没空参加讲座的人，在我看来她们完全可以通过这本书来缓解对于整理的负担。

事实上，通过这本书减轻了整理苦闷的人也不少。

尽管如此，仍有一些人在我的博客里吐露她们的难处。而这些难处并不是仅仅用整理东西就可以解决的问题，生活是那么力不从心。

她们总说，虽然知道自己要做什么，但是，需要整理的东西太多，从哪里开始整理自己都不清楚了。

有时候，就算下定决心坚持了一段时间，之后又会原地踏步。

她们经常说，因为不整洁的家，家庭开始变得不和睦，认为自己连生活都不会，感觉很无能，很失落。

听着她们的感受和经历我的想法也慢慢地开始变化。

虽然，因为不知道如何去整理而做不到的人是会有。

但是，其实人们因整理所带来的痛苦远比想象的更多更深。

正常情况下，她们只要通过我的书、博客或是广播，下定决心后想学多少就能学多少。

但是，就算有再多的方法，自己不亲自去动手动脚尝试的话，还是一点用处都没有。

对于这些人，其实她们所需要的并不是多么好的整理方法。

从那时起，怎么做才能让她们亲手去尝试成了我的苦闷。

因为这真是比收纳创意更加困难的事情。

经历了一段苦闷的过程，终于我得到一个结论：

家的整理其实就是对内心的整理。

虽然很多人认为家里乱或者没有空整理只是个人习惯的问题，但是当你回过头来仔细看的时候，会发现，大多数是存在于心里的问题。

就好像当你的心茫然、郁闷的时候，会感觉什么事情都不上手吧？

还有一些人说，房子乱心也跟着晕。

也许大家都会有这种体会，整理家务的时候烦躁的心会再次变得平静，所以，女人的心痛的时候，家也会一样“疼”。

通过博客里很多人发来的内容，以及收纳咨询的现场，还有通过讲座见过的很多人的生活经历，我确认了我的结论。

整理这件事最重要的并不是在于收纳工具和创意，而是在于内心是否一起出发，但是众所周知，下决心做一件事并非易事。

随着时间的积累，你就会慢慢开始想要对身边的人诉苦了。

想开诚布公地对身边的人诉说……

不是掷地有声的收纳原则，而是关于无法继续整理的一些琐碎而可笑的理由。

为了让大家能够真正的下定决心去开始，作为比大家稍微早一些解决这些苦闷的我，真心想竭尽我的全力， 哪怕是星星之火也甘之如饴。

做收纳咨询的时候，最先要做的事情不是去教人整理东西，而是聆听她们心底的话语。从琐碎的生活苦衷，到家族故事，我发现当我们相互交流之后，整理困难的理由就会自然而然地浮现出来，知道了原因，也就可以对症下药了。

当你看清了整理的压力的来源及自身的问题，就清楚自己以后该怎么做了。

经过这样的过程，当你在整理家务的同时，心也就跟着轻松了。

可以说，整理有一种治愈效果。

通过这本书我想与更多人分享这些经验。

“好像如果舍弃就会受到惩罚一样”，“如果舍弃，下次好像还会用得到”，等等，因为一些常见的小理由而没能开始的人们，还有因为内心太复杂而没有闲余去考虑整理的人们，希望这些经验能像小小的希望之芽一样在心中慢慢成长。

这本书不仅包含单纯动动手的收纳方法，而且还能抓住一颗动摇的心，让其汇聚在整理的焦点上。

女人作为妻子、妈妈、儿媳妇、女儿，有太多不为人知的苦衷。

在领悟到整理家务就是整理心情的这个过程中，从下决心开始整理到舍弃，又从整理到维持住这种状态，每个人的生活中大概都会经历到的一些郁闷的事，也会通过整理而领悟到的一些感悟。

而如何通过整理内心来调剂我们的人生，以及如何让整理成为智慧等相关的问题，正是我想用这本书和大家分享的。

我希望大家在读这本书时，会有感同身受的体会，能够在书中找到解决生活问题的办法，然后慢慢地体会生活中的美好……

更重要的是，希望通过这本书，能恢复大家在整理实践过程中迷失的自我，让它成为愉快生活的转折点。

坦白说，写这本书时，我颇感压力，每当感到有不足的时候，我便想，我做的这些究竟能否给大家带来力量呢？内心有过些许不安。

“真的能像书里写的那么好好地生活下来了吗？”我也经常

回顾过去这样地反问自己，同时这种心态也让我感到很吃力。

不管怎样，这本书也使我察觉到了自身一些不足，并且通过这些不足，我也不断在反省，可以说这是让我经历痛苦而成长的一本书。它是使我再次找到初衷的珍贵的礼物。得益于它，我又拥有了一次成长的经历。

那些帮助我完成这本书的各位朋友，在这里想传达我对你们真心的谢意。

目　录

1
内心需要整理的时候 整理家就是在整理内心

2
转变家庭主妇地位的 正能量故事

第 1 阶段 下决心

第 2 阶段　丢弃

第 3 阶段　去整理 去保持 去节制

3
用心整理得到的收纳能力 转变成为人生成功的力量

4
Casa 妈咪 25 个重要的收纳整理技巧

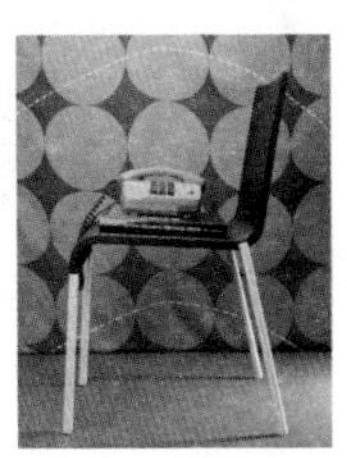

女人偶尔会

i n t r o

自问

“我活得很好，对吗？”

日子总是那么不知不觉地过着。

“我现在活得很好吗？”

有些时候连自己都不经意就自然地说出这句话。

结了婚，作为妻子和家庭主妇，有些话无法倾诉，

并不是因为这一瞬间的我不幸福。

这是无论任何人当面对自己第一次经历的人生路时，都会习惯性发出的疑问。

但是，每当内心发出这种信号的时候，

哪怕一次，我们应该直面地思考一下，

大部分出现这种想法的时候，也正是内心被什么东西填得满满的时候，

是你的内心在要求你清空它的时候。

“永远吧，我的爱～”

仍然记得自己穿着耀眼的婚纱，第一次踏入礼堂的瞬间，那是人生中最重要的转折点。

不管什么时候都站在自己这边的丈夫就站在身旁，就像拥有了全世界一样，心里不知道有多踏实。

在准备婚礼的过程中，虽然有过不少琐碎的压力，但是这些都被眼前美好的一切给冲淡了。

出生在这个世界上，头一次买了这么多东西。生平也算享受过一次登上购物女王宝座的快乐吧。无忧无虑地搜罗着各种家当，购物又是件多么有趣的事啊。

家具家电、漂亮的餐具和室内装饰品，连小小的香皂盒都那么漂亮。

就这样筹措着，感觉人生华丽的新篇章就要开始了一样，竟然无比激动。

尽管有人曾说，结婚是女人的损失，而自己却不以为然，自己深信，分明是粉红色的未来在等待着自己，从不曾有怀疑。

可是那种信念，绝对只是在新婚的时候才会有的。

作为婚房，房间虽然有些狭窄，但墙面刷得干干净净，把地板也换成新的，一点都不逊色。

来参加乔迁宴的朋友们也说，沙发好漂亮啊，被子也好漂亮啊，等等。满屋子的称赞让人充满了生活的欲望，

那时候家里的一切都是崭新的，

那是即使只看着丈夫的脸就会很幸福的时光。

生平只吃妈妈做的饭的自己，尽管觉得早起做早餐有些麻烦，但是带着“为了我爱的丈夫，没问题”的心情，还是每天愉快地准备着饭菜。

到了周末，通过翻找料理书和查找网络，也挑战过各种有名的美食配方。味道虽然不敢夸口，但即使只用漂亮的盘子装点起来，丈夫都会笑着夸我说：

“这样的菜你也会做啊。”

那时别提有多幸福了。

因为结婚前都没有怎么做过清洗衣物和打扫卫生的事情，所以丈夫也会豪爽地挽起袖子走过来说要帮忙。托丈夫的福，感到嫁给他很值得，简直就是生活在蜜罐里。

从早到晚和丈夫面对面，吃着饭，喝着茶，聊聊天，到了周末就一起去超市推着手推车买菜，往年还炒过芝麻盐呢。

想想看，虽然生活过得平凡 ，但在那个时候，不仅仅是在过

着日常生活，更像是约会的延续，或者说是感觉像过家家一样。

就这样，自己边上班边做家务事，这些都还在承受能力范围内，并没有太大的负担。虽然偶尔也会感觉到累，但靠着懂自己的丈夫的一句句安慰和称赞，一天的疲倦也会像春天的积雪一样无声无息地消失了。

在不同的环境中生活了将近30年的男女，想在同一个屋檐下生活，那些琐碎的不愉快就难以避免。

比如挤牙膏的时候，要是能从尾部挤的话多好，但他总是从中间挤。还有上厕所的时候，要是能将马桶盖提高点的话多好，但他说什么也改不掉那种习惯，总留下马桶上讨厌的痕迹。还有洗完澡后，要是能把沾上水的浴室拖鞋竖起来放多好，但他就随便一扔，而且袜子也反着脱下来丢在那里。再比如，乳液用完总是不盖盖子，拿东西用完之后到处乱扔，不放回原地……

那个人也像自己一样这样做，互相方便地生活该多好，为什么总是和自己唱反调呢？

每当发生这些事情的时候，丈夫和自己便会站在各自的立场上开始争执和辩解。

这些情况虽然会常常发生，但是互相用不同的生活习惯来配合的生活才叫新婚嘛，这是新婚期间谁都会遇到的事情，并没有到那种很严重的地步。

除此之外，如果说还有一种矛盾的话，就是作为大韩民国的儿媳妇，必须要对公公婆婆的胃口吧，这是即使是幸福的新婚生活也绝对避免不了一件事情。

刚开始，为了不受公公婆婆的责备，要经常适当去看望他们。

要是赶上节日、祭祀，以及诞辰和基本的纪念日的时候，更要表现出自己的诚意。

那时候的自己，会因为公公婆婆说要来看新房，便会把从厨具开始到家里的每一个角落都擦得发亮。

知道他们不爱听的有关生活上的牢骚，再累再辛苦也不敢有怨言。

因为是第一次，心里总想着要好好表现，所以只要还说得过去，全部都“是是”地回答着，作为儿媳妇当然要顺从婆婆的意思呀。

可是，偶尔也会有这样的时候。

“我朋友生日的时候，她儿媳妇给她买了一个名牌包呢。”

“你看，结完婚，我儿子的脸瘦了好多啊。”

每当听到这些话的时候，自己也不知道怎么回事，从坐车回家的路上就开始变得很暴躁。

一些气话就在丈夫的面前摆了出来，“你妈妈怎么回事啊？想让我给她买包呀还是什么啊，还有，都一把年纪的人了，需要那么贵的名牌包吗？还有，好东西都被我吃了吗？那是说我没有照顾好丈夫，让他连饭都吃不饱的意思吗？我也是边上班边做家务，我也很累，对我说这些话是想让我怎么办？看来婆婆只知道关心她尊贵的儿子，我的辛苦她一点都不知道吧。”

这时，丈夫就会说话了，“上年纪了，那样也是可以理解的嘛。你不也是见到穿着漂亮的衣服拎着名牌包的朋友就会很羡慕吗？

真的放在心上的话，就买个能用的包送给她，还有最近我在公司的事很多，心里正担心着呢，妈妈口是心非的那些话，你怎么就那么敏感呢？你就理解一下不就好了。”

经常这样对话的日子，关系再好的夫妻恐怕也会陷入冷战吧。互相说的话变少了，眼神也变得冷漠。但即便如此，所幸新婚对婚姻本身起到了监督的作用，使这种状态没有变得更严重，很快就解决了。

想想也是，又不是和公公婆婆一起生活，也还没有孩子，就算是有一些矛盾因素，又能有多严重呢？并且现在看起来，夫妇之间吵架就像“用刀划水一样”这句话，用它来形容新婚夫妇，好像还是很贴切的。

看看自己身边先结婚的朋友和前辈，还有已经经历婚姻生活酸甜苦辣的妈妈们，总说没有人理解家庭主妇们的委屈或是痛苦，关于这类抱怨自己也曾听过无数次，但却还是想办法让自己的信念不要动摇。“我并不是这样的”，所以把她们说的话都当成了其他国家的语言。

比起“家庭主妇”这个称呼，可能自己更喜欢“妻子”这个称呼，这时候的女人对于婚姻生活已经不抱很大的幻想了，只是想像现在这样，持续下去就好了。

就这样，自言自语道。

“我现在，
活得很好，对吧？”

“有孩子了！”

终于有了孩子，在确认怀孕的瞬间，太神奇又太高兴到眼眶都泛红了的程度。

在怀孕的整个期间，都不知道有多幸福。

丈夫就不用说了，公公婆婆也像照顾王妃一样照顾着自己。只要想吃的东西全买给自己吃，去哪都要小心翼翼，勉强的事绝不能做，就连家务活都得到免除。

而自己呢，就一门心思集中在了胎教上，只希望孩子能健康顺利地出生就好，和丈夫一起带着同样的期待度过了十个月。

回头看看，孩子在肚子里的那段时光，应该是自己人生中最棒的好时光。

如此这般期待的孩子在出生的瞬间，喜悦和感激的心情混乱地交织在一起形成感动的回忆，直到现在还能强烈地感觉得到，那无法言语的巨大的幸福。

可幸福来临的同时，与之伴随而来的问题也不少，当那种充斥内心的感动与育儿的日常生活碰面的时候，就如同把人从天堂拉回到人间。

虽然有了家庭新成员明明应该是值得喜悦的一件事，但是家里多了一张嘴，对于家庭主妇来说，就增加了一定程度的家务劳动。

从那时候起，自己和丈夫的家务分担问题暂且先摆在一边，一场尖锐的心理战才刚刚开始。

多了一口人，作为婴儿妈妈的自己需要做的事自然就增加了好几倍。

婴儿与成年人是不一样的，他没有夜里睡觉早晨醒来的习惯，最折磨女人的就要数半夜喂奶了。

如果顺利的话，只需要几个小时，如若不然，每隔一个小时就会遇到被哭闹着的孩子咬奶头的事情。

这可不是一件容易的事。

如果是生过孩子的妈妈，应该都会明白。在身心疲倦的情况下还要照顾哭闹的孩子，虽然感觉很累，身体有千万斤重，眼睛也疲惫得睁不开，但是毕竟是妈妈，就算再累也要打起十分精神来哄孩子。

丈夫呢？从那时候开始，因为丈夫说早晨要早起去上班，需要睡觉，就早早地带着被子到其他房间睡，或者即使是在自己旁边也表现得无动于衷，偶尔还会故意装着睡着。可如果仅仅是这样还算幸运呢，每当他对自己说“你快点哄哄孩子”这句话时，真有想揍他一顿的心情。

上班是什么了不起的事情吗？

难道以为一整天都被孩子折磨的女人是在家吃喝玩乐吗？

每当自己这样抱怨的时候，他总会这样回应，

“白天孩子睡的时候你也睡会儿嘛。”

那么温奶瓶、换尿布、做饭、打扫房间这些事都谁来做呢？

女人在白天孩子睡觉的时候也是很忙的。

就利用那一小会儿的时间，家里的家务事都要结束掉，这样等孩子醒的时候才能有时间哄他们。可是就算向他们解释到嘴皮子磨泡他们还是无法理解，真的让人很郁闷。

当然，在刚开始的时候，丈夫偶尔还是会“装着”帮一把的，但是，就算这样，忙不完的还是家务事。

丈夫要去公司上班，已经够累了，再让他像一个家庭妇男一样的在家里忙来忙去也确实有些无理。

孩子呢？

当然是又珍贵又可爱啊。尽管如此，当没完没了的家务事和带孩子并行的时候，可爱归可爱，累还归累。

带一个孩子的生活是充实的，尿布和衣服算是基本的，孩子的床和被子，各种洗澡用品和卫生用品，随着月份而变化的玩具，从婴儿步行车到婴儿推车。

慢慢的，物品变得越来越多，曾经一件多余物品都没有的干净利落又漂亮的新婚房子，现在则变成可以高呼“啊，回到远古了”

的程度。

就算家里不是那么的整洁，但为了像金子一样贵重的孩子，总想把最好的给她，这就是做父母的心嘛。

有时候也想着像以前那样生活在干净利落的屋子里，就这样看着孩子多好啊。

但是，女人们是知道的，那是多么困难的事啊。虽然男人们认为在晚上陪孩子玩一会，就尽了自己的责任。可是对于减轻主妇的负担来说一点用都没有。如果丈夫也能理解自己的心那该有多好，但看起来并不是那样。

有时因为这些感到累的时候，就会没好气地喊他帮忙，甚至会吵起架来，偏偏那个时候孩子又会闹得厉害。人都精疲力尽了，如果丈夫再因为喝酒回来晚的话，自己就会狠狠地对他说："怎么回来这么晚啊？"

然后这便成为了夫妇吵架的导火索。

丈夫就会说："能早点回来吗？"

就这样，现在的两个人并不像新婚的时候那样很快就化解，而是连续好几天都别扭。

事实上，本来自己想说的话是"亲爱的，请帮帮我"…

回头看看，边等着晚归的丈夫边被家务缠着，把全部精力都集中在了孩子身上的自己，内心真的很凄凉，丈夫的表现也让我感到失望。

从前只是看我目光就能猜出自己心思的丈夫，不再像以前那样帮自己了，就算表现出来了也好像只是临时的只用话语来应付。

就连表现好像也变得吝啬。

都已经结婚了为什么却还感觉到这么孤单呢?

真的像电视剧《温暖的一句话》的名字那样，正是现在的自己迫切需要的。看着那些生完孩子还能潇潇洒洒做自己事情的女人们，自己也曾自信地想像过那样的生活啊，但是看着现在自己的样子，感觉自己正慢慢地离那种生活越来越远了。

距离复职的时间已经不远了，本来打算产假结束后就立即复职，工作和家庭两不耽误的，可是现在却开始怀疑自己真能做得到吗?

想到一整天呆在家里，要做的事都已经这么多这么累了，如果还要连公司的工作都完成，仅仅想想都感觉要晕掉。

这个家会变得更乱吧?曾经认为“妻子”更适合新婚称呼的自己，现在恐怕都快要变成“大妈”了。

生完孩子后的女人都是这样的吗?

不知怎么地，一阵阵的不安扑面袭来。

“我现在，
活得很好，对吗?”

“谁也不理解我的心”

以前，真的没有料到，其实，养一个孩子还不是最累的时候。

直到第二个孩子出生之后，人们通常所说的“现实的”婚姻生活才算是真正的开始啊。

那简直可以说是像战争一样的日常生活。

一会儿呢，要在饭里加零食。

一会儿呢，要抱着哄着喝奶。

大的呢，一天有几次要把衣服弄脏需要换。

小的呢，不分时间不分地点说拉就拉，要经常换尿布。

洗澡的时候，大的和小的还要分开单独洗，玩具和教学用具两个孩子的也要单独放。

有了两个孩子并不意味着要做的事情正好多了两倍，反而是好像艰难了好几倍。每天跟着两个孩子后面跑，给他们收拾这收拾那，忙着忙着，自己都快不知道饭要从嘴里吃还是从鼻子里吃了。

有一个养着四个孩子（三胞胎加一个大儿子）的朋友有一次跟自己讲，有一天她好想吃螃蟹，好不容易和丈夫一起对坐在餐馆的螃蟹汤面前，可是，小家伙们轮流着哭闹，又是吃又是拉，实在没有办法只好放弃了吃螃蟹。

“看来短期内，我们不适合吃这种菜”，说着就把桌子给退了。

她说不知道是因为那时候的回忆还是什么，总之，从那之后的很长一段时间，去市场买菜也是看都不看螃蟹一眼。

虽然听完这话之后，我一阵儿地笑她，可笑着笑着，感觉这也正是自己真实的写照。

眼泪竟忍不住落了下来。

自然分娩、母乳喂养、布尿布、有机婴儿食品和辅食这些都是基本的东西，但是真的让人感到很累，不禁长叹一口气。

“为什么家里只有我要这样活着啊？”

一方面感觉自己做的还算好，还想继续努力，另一方面也知道，不要太拼命，放弃一两个就会舒服很多，但是自己就是不那么容易接受。

工作和家庭，两个都想照顾得很好，可养着两个孩子，却也没有了上班的念头。

最终，还是选择了做家庭主妇。

两个孩子的生活使这个家几乎达到了饱和的状态。

新婚之初，雄心勃勃地规划的书房还有客厅都变得不知去向。

孩子们的玩具和书，滑梯和玩具汽车，儿童推车一类的体积大的玩具都被放在了客厅，沙发为了给它们让位子，被抬进了丈夫的书房，到了连门都无法自由关闭的境地。

里屋也是，比起夫妻两人的东西，孩子们的东西越来越多，慢慢的丈夫的东西都不知道去了哪里。

在不知不觉间，这个家庭的中心已经不再是夫妻，而是孩子们来来回回的身影。

每天下班回来的丈夫,第一句话便是“拜托,好好打扫一下吧”。

可问题是，将家中乱七八糟的东西整理起来根本不是那么容易的事。

作为妈妈，总是想把最好的东西给自己的孩子，但是到后来自己才知道，这个世上的很多事情并不是那么简单就能做得到的。

不久前，因为婴儿车的事又和丈夫大吵了一架。

通常根据男人开什么车，女人拎什么包，就可以判断一个人的水准。在妈妈们之间，用什么样的婴儿车可以说就是那个评价的标准。

最近，跟财阀和明星们的子女同款的婴儿车在小区里随处可见。

看着那些数千元国外知名品牌的婴儿车，心里也十分羡慕。

“我们的孩子也应该享受到这种程度的待遇嘛。”

谁知跟丈夫提出这种想法之后，得到的却是果断地拒绝。说什么不要学别人随波逐流，要好好考虑一下自己的生活水平。

自己呢，认为只要是对孩子好的东西，不管是书也好，玩具也好，全都想买给他们，而丈夫却总爱说这种寒心的话，让自己心里很不是滋味。

由婴儿车这件事为引子，夫妻生活也跟着遭殃，终于有一天爆发了，将全部忍着的不满向对方发泄出来。

“你有空也想着好好把我们的家打扫一下，别整天想着买这买那，家里都成这个样子了，你怎么净想着买？就算买了那个东西你想往哪儿放？那还不是你为了满足你自己的虚荣心而用孩子们找的借口！我也忙了一天的工作，回到家想好好休息啊，可是，你也好好看看咱们家，有一个能让人腿脚放松好好休息的地方吗？客厅也是，卧室也是，还有书房，走到的地方遍地都是孩子们的东西，就连厨房也都是乱七八糟。你又不用上班，整天呆在家里真的连这点事情都做不好吗？”

“你认为带着两个孩子，又做家务像你说得那么容易吗？你以为我整天都在家里玩吗？从早忙到晚，花一整天也干不完的家务，我也很累！即使这样也从没有一个人体谅，如果换成是你，估计不到一天就得弃械投降。”

“又那样说，你怎么连辩解也是每次都一样啊？出去做事竞争压力很大的，在家里做事总比外面好上百倍吧。真的那么累的话就和我换换啊，如果我不出门挣钱呆在家里做家务肯定比现在好。我最羡慕那些只做家务的大妈了。”

“你说什么？你把生活和养孩子看的太小儿科了吧。够了，不要再说了，我和你无法沟通。”

于是丈夫就说了，他上班也很累。

不用说我当然是知道的，但是尽管如此，丈夫还有下班时间啊。

而自己呢，365 天 24 小时根本不存在“下班”这个概念。

只要是孩子醒的时候对自己来说那就是上班吧。

每天自己要叫醒丈夫给他拿好衣服，准备好早餐，把他送走。

然后就要开始做家务，孩子们白天睡觉的时候要洗衣服，打扫卫生，温奶瓶。

孩子们醒来的时候又要喂他们，陪他们玩。

然后又要开始准备晚餐了，等孩子们吃完饭给他们洗完澡，不知不觉都已经很晚了。到了那个时候，身上也没有了力气，回想着一天都做了些什么，却倍感空虚。

回忆起过去的学生时代，回到家的时候尽管不怎么用功地学习，也总感觉像是在为自己投资，那时候心里感觉很充实……

那个时候跟这个时候同样是结束在 22 点左右，如今却没有了那种充实感，只剩下了空虚。

另外就像今天，和丈夫在这种情况下，让内心更加烦乱。

自己也尽可能努力去做了，就算别人不知道，难道作为丈夫的他不知道么？怎么可以熟视无睹呢？

也许男人们都希望自己的妻子既能工作又会做家务吧。

有时候，甚至也想过，是否再继续以前的工作，但是听身边工作的朋友说，好像也不是那么回事……

女人生完孩子之后，无法减掉的赘肉已经让人很忧愁了。

每天要做的事还像山一样多，身边也没有一个能帮忙的人。

像家务事这种东西，种类很多，难易程度也不一样，孩子们的玩具，以及他们的生活习惯只有自己最了解。交给谁去做也不那么恰当。

尽管知道这些，心情也是一样的复杂，因为这些事情今天要做，明天、后天、明年也一样要做，是一直连续的。

其实，反复的日常生活也没什么关系。因为自己能认识到它的价值，但是如果连家人也能一起认识到的话，自己也不至于这样的伤心啊。

这种时候真羡慕那些单身的朋友，做着自己想做的事，堂堂正正地享受着生活的滋味。

跟她们比起来，除了孩子带给自己幸福以外，还剩下什么呢？

尽是填不满的空虚感……

这样苦苦挣扎，时常为自己感到可怜。

有时候，都不知道自己在为了什么而生活。

“这样生活着，
是最好的选择吗？”

“别人都是那样生活的”

当孩子们被送去幼儿园和小学的时候，就会感觉到身体轻松了许多。

孩子们踏入这种社会生活，身为妈妈的自己的人际关系也随之变得越来越宽。上育儿网站或者去产后调理院跟同学们聚会。现在又慢慢开始正式的跟孩子同学们的妈妈见面了。

最近妈妈们的人脉关系也很重要，送完孩子之后，妈妈们之间会一起分享各种教育情报。如果什么都不知道的话，就会被视为粗心的妈妈而渐渐地被孤立。所以为了孩子，这种程度的努力也是必要的。

第一次与妈妈们交往的时候确实很有趣，把孩子们送上校车，“来我们家喝杯茶吧”，会面便由此开始。

首先从自己的年龄开始公开，还没过几分钟就叫起“姐姐”“妹妹”了，话语渐渐地多了起来，有关于养孩子的时候那些辛苦的话、有关于幼儿园和学校的话，另外就是关于那些做也做不完的家务事的牢骚话，和说丈夫和婆婆的坏话等。时间不知不觉就过去了，那些与丈夫沟通不了的话，和妈妈们交谈之后感觉内心一下子就变得轻松了。

大家都带着关心来听你说话，那感觉不知道有多好。

本来以为只有自己这么累，她也是这样吗？

原来大家都是如此，于是就有了同感。

本以为只有自己的家乱七八糟，养孩子的家其实都是这样啊。

原来别人也是这样生活着啊，这样想着心里似乎得到了些许安慰。

偶尔去其他妈妈的家里拜访，看到人家的家里收拾得很整洁，自己也想去学着整理，但是每当想要整理的心思涌上来的时候，又会想“养孩子的家都这样”，就这样陷入自我合理化泥潭，然后一个人就那样无力地呆坐着了。

和妈妈们一起聊着天吃着午饭，直到不知不觉间到了孩子们放学的时间，大家才各自准备离开。

但像这样的聊天几乎每天都一样，虽然我累你也累的形成了同感，但是始终还是摆脱不了这令人心烦的现实，只是反反复复地重复着一样的日子。能够改变这一现实的办法，谁也没有说。

和妈妈们一起偶尔也会享受一下优雅的早午餐，也会组团去超市里买菜、购物，总的来说，也没有感到无聊。

那样过了半晌，回到家里面临的却是吃早餐的碗还堆着，换洗的衣服也这里那里到处都是。

简直是乱七八糟。

匆匆忙忙洗了碗，又把家里打扫一下，给孩子们准备完点心之后，不知不觉就到了晚饭时间，这时会忽然感觉半天的时间都被浪费了一样，后悔的感觉开始慢慢地涌上心头，每当有这种心情的时候，心里就在想，从现在起不能再去聚会了。可是事实上，电话一来总是没办法拒绝。

妈妈们聚在一起聊天的那种愉悦，那种甜甜的诱惑，并不像话说的那样容易拒绝。你会担心如果不去的话会不会就打破了原先的关系。

而丈夫说，这都是闲的没什么事做才那样。

回到家还没完，妈妈们的手指一直不停。确认手机群聊里不停响着的信息，及时回复也是一份工作。

看着别人空间里发的各种照片，让人羡慕的不止一两个。

看着那些为了自己的孩子有更好的体验而不断涉猎各种知识的妈妈们，不禁在想，今天为自己的孩子做了什么。一整天虽然也做了些什么，但是实际上，连为孩子读一本书的时间都没有。

自己到底迷失了什么在生活着，随即陷入了这种恐慌与不安的境地。

那些手机里关注的家庭，甚至比妈妈更懂得照顾孩子的别人家里的丈夫又是多么的让人羡慕啊。

看着跟着爸爸一起出去野营回来的别人家的妈妈晒出的出游

照片，无缘无故地感觉很心塞。

那谁家的丈夫自己带着家人出去野营了呢……

自己家的丈夫对于野营却只是说说，只想着周末能在家里歇着。

这样看来，自己的丈夫就像一个还在上学的寄宿生一样，到了周末也是自己一个人跑这跑那的辛苦着。

实在看不下去了，他就让你歇歇再做，结果干一会歇一会儿到最后也只是自己一个人在干。不知道为什么他连帮忙的想法都没有。

仿佛给孩子打杂，以及家务事天生就都是自己的一样，真的是讨厌死了。

不记得什么时候在收音机上听到了一件事，接到丈夫还没吃晚饭就要回家的电话心里很烦。

那个时候还在想“为什么那样呢？”感到很诧异呢，但现在看来，自己也终于理解那种感受了。

一整天都在忙着照顾孩子，又要做家务早已经累得骨头都快散架了，如果还要给丈夫准备晚饭的话，哪怕只是煮汤或是一个小菜，到了那个时候早已经浑身乏力了。这是那些吃着妈妈做的饭单身生活的女孩们绝对理解不了的。

新婚的时候，如果丈夫吃完晚饭才回家，会感到很遗憾，回来晚了还会担心得睡不着觉。

可是现在呢，回家吃饭的话会感觉到很麻烦，回来晚了呢，又担心把熟睡的自己给吵醒，感到心烦。

这难道就是厌倦吗?

甚至有时候觉得说什么话都感觉不对胃口呢。周末一起看电视，正在乐的时候才发现旁边的人不知什么时候已经睡着了。到了吃饭的时间，起来吃点小菜就回房间熬夜打游戏……

就这样，在自己的心中，丈夫慢慢成了无论做什么都让自己感到讨厌的人。

也不知道是否是因为这样，只要一有什么事情发生，火气就直逼丈夫。

从朋友那儿参观完装修得既宽敞又漂亮房子回来的那一天，心情就变得更不好了。

对于丈夫，还有乱糟糟的家的不满情绪仿佛在慢慢地膨胀。

虽然很想不去想，不去比较，但脑海中还总是出现朋友称赞她们家装修漂亮的场景。

难道以为是谁不想做才不去做的吗?

这个家就算收拾了也没有多大变化的感觉。

房子如果再大一些，真的，自己也有把它们都收拾干净的自信啊……

即便如此，就像买衣服一样，房子也不是那么容易变大的事。

结婚 10 年，新婚生活不知不觉已经过去很久了。流行过的衣服，还有变旧的家具，都让人看着不顺眼了。

新出来的家电产品还有家具看起来多漂亮啊……

尽管经常也想着把家具的位置调换一下，但是换后过不了多久就又开始厌烦了。

虽然多次地翻来覆去，但总是因为屋子太小，做点什么还是没有空，终究和原来没什么两样。

这里还要补上孩子的部分。孩子不在的时候，把家里打扫得干干净净，等到孩子们回来的时候，不出几分钟就会变回原来的模样。

到底对于自己的生活，先后顺序是什么？

脑袋变得很复杂。

才刚开始就已经感觉到有些头晕了，这些都是育儿带来的巨大压力吧。

看着凌乱的家，应该从哪里做起，连什么是自己喜欢的都不知道。仿佛看见了摸不着头绪的自己的心。

丈夫总是问家里为什么这么脏，随时诉说着不满。而自己虽然总是争辩说“养孩子的家都是这样”。事实上，也很羡慕那些把家庭和孩子都照顾得很好的女人们。

看看周围，感觉别人好像都比自己强，于是，自信感也就慢慢地下降了。

遇到谁想来家里参观的时候，心里总会有些许不安。

偶尔去参加同学聚会后，很羡慕那些和有钱人结婚的朋友。回来后就会对丈夫发火。

而去过邻居家的丈夫，回来后感觉自己的家不像他们那样干净。于是又对自己发火。

对于主妇来说，家的状态就像投资收益一样。自己也没有出去玩，也尽了自己最大的努力啊，可为什么就是没有一件事是值得炫耀的呢？

自己原本也曾有过听着别人称赞说“不错”的生活啊。

“像这样，
我也活得很好吗？

“我不是超人（女强人的悲哀）”

“客厅如果再大一点……，就算只多出一个房间也……”

在窄窄的房子里熬了那么久，终于计划着要搬进期待已久的大房子里了。

孩子们教育环境怎么、怎么样的借口，还有只要房子大的话，自己就真的能把它整理得干干净净，等等，唠叨到嘴都疼的结果总算有些意义。而且真的感觉从 20 平米的房子搬到 30 平米的话，那些伤透脑筋的问题都会迎刃而解。

多得让人无法容身的零散的书，还有衣服及各种乱七八糟的东西都放在该放的位置，过时的，还有旧的东西都扔掉，只留下几个好的，期待着室内装潢，想着一切美好的事情。但是，到了真在合同书上盖印章的时候，别说是室内装潢了，现在摆在眼前的紧要问题还是抓紧还贷款啊。

事实上，在韩国，普通的上班族们不依靠贷款来买房是相当难的事情。

在头脑中想过无数遍的室内装潢在现实面前，还是化为了泡影。

房子变得宽敞了，不过除了多了一些让人发晕的空间以外，什么变化也没有。

尽管搬家的时候丢掉了许多东西，但家里的行李依旧那么多，

看到哪里都是那么多东西，即使高水准地去整理，也还是不满意，更没有那种欲望。反而是打扫宽敞的房子变得更累，白白地增加了我对丈夫和孩子的唠叨。

以前什么也不懂的孩子现在长大了，想说的话也都会说了，“去那谁家看人家的房子又干净又宽敞，我的房间如果也是那样的话就好了。”不想听妈妈唠叨的时候就这样自暴自弃地说，“妈妈，行了，就这样吧。”

丈夫也不让人安静，“不是说搬到宽敞的房子就有把屋子打扫干净的自信吗？我就知道会是这样。旧习难改，我保证你就算住在 100 平的房子里还是一样。”

这种情况下女人都会很不舒服吧。

其实，自己只是实在不知道该怎么整理这个家，想努力让它变得更好，可无论如何就是不行，自己该怎么办呢？

以前总说婆婆不会整理的自己，现在不是变得和她一样吗？这确实让人感到有些害怕。

自己真的是连这种程度都做不到的人吗？如果真的是那样，还不如别去贷款换大房子了，就在原来的小房子里挣扎算了。想着这些心里又难免有些后悔。

去婆婆家的时候，婆婆家里也是每个房间都被大大小小的东西填满，除了床上可以睡觉的空间就再没有其他的空间了，就连冰箱也是一样，不知道都放了些什么东西，打开后不是一般的难关上。

每次从婆婆家回来就很不理解，为什么要堆那么多东西生活。

再看看现在的自己，再这样下去岂不是和她一样？

问题还不只是家里的这些事呢。本以为等孩子们上了中学高中之后就会轻松一些，但是，随着孩子们越来越大，做父母的需要做的事也跟着越来越多起来，没有一丝减少的感觉。

就连以前没有过的“经纪人工作”现在也开始做了。

去学校，去补习班，再加上操行修养，周末还要带孩子去博物馆、美术馆转转。

累的人是作为妈妈的自己，就因为是妈妈，真是为孩子们操碎了心。全都是为了他们好才做的，难道真的不理解妈妈的心吗？

等到了孩子青春期的时候，自己的话孩子根本不听，又不能不管，简直是不让人省心。

劝也不是，说也不是，只能是等待这段特殊的时期慢慢地过去。

就这样，激烈的战争进行着，看着当初对孩子们的期待一个个地面临放弃，自己的心像要倒塌了一样难过。

如果未来能看见光芒，就算再苦再难也能坚持。但是，眼看着那样下功夫去苦苦养大的孩子，学习也不行，又没有什么特别的才能，没有目标，没有意识，又懒惰，身为妈妈，都要面临精神崩溃了。

这个时候丈夫能成为自己的力量吗？才不会呢。

丈夫有他的想法，就会赌气地说，“你离他们远一点不就好了”。

也是，向丈夫问什么也大致都不会得到自己想要的答案。

后来慢慢的，干脆就不问他的情况也就变得更多了。

可是，就这样，夫妻的关系不知不觉的便产生了隔阂，不知道从什么时候开始，孩子们也觉得和爸爸对话感到有负担。这也是情有可原吧。就这样，互相马马虎虎地过着。

作为爸爸，权威慢慢地消失，留下的就只剩下义务感了。所以，就自我感觉到自己好像沦为一个只会挣钱的人。每当丈夫这样向自己诉苦的时候，都感觉他也有些可怜。

以维持生计的责任为由，以忙于外面的事为由，丈夫在一些家务的事情上拥有了一道免罪符。

照顾孩子们也就算了，到了这个时候，年迈的父母又生病了。

还是自己从凌晨到深夜，又是当家庭主妇，又是当司机，又是当看护人，一天总是感觉不够用。

每天除了要做饭，洗衣服，打扫，身为妻子的自己为什么要做的事情有这么多呢?

真的是一天 24 小时没有一刻是为了自己而活的。一直都是谁的老婆、谁的妈妈、谁的儿媳妇之类的头衔。

什么时候能以我自己的名义存在呢?

“难道真的，
这样活着也可以吗？”

“为了一根白发哭泣，为了一条皱纹呆坐”

对于孩子来说有个青春期，对于自己来说当更年期袭来的时候，情况更糟糕。

最近在中学女孩中间流行了一句话：

“你妈妈给你做饭吗？不做吗？”

这就是区别妈妈是否在更年期的方法。

首先，妈妈如果给做饭的话那就不是更年期，如果饭也不给做，而且还爱在一些小事情上大叫、哭泣、发火，那么 100% 就是更年期来了。

刚开始听到的时候还笑着说，“怎么还有这样无聊的传言呢？”现在看来，这并不是可以一笑置之那么简单的事情。想想看，女人在 45 岁的时候更年期就可能会开始了。

雪上加霜的是，虽然感觉自己还有一些自信，但是当眼角出现皱纹的时候，一根白发出现在眼前的时候，压力就会直线上升。

虽然有钱的女人们都去注射肉毒杆菌或用一些尖端技术来缓解老化，使皮肤的紧绷度增加，把皮肤维持得像没有瑕疵的瓷器一样。

但对于像自己这样的普通女人来说，哪儿能做得起啊？

如果说以前孩子小的时候，标准是育儿用品的话，随着年龄的增长，对自己的打扮上投资了多少是关键。

刚开始发现一两根白发的时候，“噢？看来我也上年纪了。”就这样装作不在意，然后把头发染完之后就不自觉地感到一丝凄凉。

有时候嫌麻烦，错过了染发的时机，又正好赶上见朋友，朋友的一句话“哎呀，咦，你也老了”就会完全让自己呆坐好久。

回头看看一路走过来的生活，也没有什么值得夸赞的事情，身体也老了，感觉就算想重新开始，时间也太晚了。无论是心理上还是社交上，都感觉自己在慢慢地枯萎。孩子们大了，自己也该轻松地生活了，这样下着决心。

从现在开始，丈夫也成了口香糖，整天黏在家里。

以前每天都回家很晚的丈夫现在退休了，这种生活对于他来说也真算得上是苦尽甘来啊。

虽然是为了谋求其他的工作，暂时地在家里休息，但是对于男人来说，就应该是“日出而作，日落而息”（最近这句话已经深入人心）。

就算旅行也感觉比起丈夫，和好朋友一起去更方便。

所以，早晨看看锅里牛肉汤的量就能判断够一次几天的旅行。

一半以下的话够三天两夜，满满的话够六天五夜。这个时候，女人们努力炖牛肉汤似乎有了理由。

即使不去旅行，家里的家务依旧是那么多。

对孩子们付出过的时间和精力，终于可以为了自己使用了。

文化中心也想去，游泳馆也想去，还有学习各种运动。想和那里的人们更加亲近，身体不管以前还是现在都是一样的忙。

上年纪了，像以前那样干净利落的样子也比较厌烦，也不想去操心，过去做过无数的煮饭、洗衣服、打扫卫生，现在变得这样讨厌。

于是，就让好欺负的丈夫去做，因为这个，也争吵过。

再加上，最近还隔三差五听说一些朋友生病的消息。

本来想着自己现在还年轻呢，听到好端端的朋友突然患上癌症的消息，让人感到非常的惋惜。

尽管现在医疗发达，一般的癌症都可以治愈。但一想到如果是自己的话，就算是轻易能治好的病也会感到恐惧。

所以，每当听到那些消息的时候总会假想：

“万一是我的话呢?

没有了我的话，我们的家庭该如何生活?

一辈子都靠我照顾的丈夫，衣服能自己找到并好好穿吗?

剩下他一个单身汉，老了该怎么办?

吊儿郎当的我的女儿，自己的房间能收拾得好吗?

能按时好好吃饭吗？”

想着这些，就没完没了了。

家里没人整理，每个角落都要我来打扫才能放心。

想着这里那里都是乱糟糟的样子，心里就感觉好沉重，会突然感觉一点也没有照顾好自己的身体，很对不起自己。

以为只是自己一个人辛苦的话，大家都会很方便。

就这样一个人大包大揽的生活，“究竟是对家庭好吗？”的后悔与荒唐感不觉地涌上心头。

“我
活得好吗？”

内心需要整理的

1.

时候

整理家就是在整理内心

用嘴吐露着，内心一直高呼着的女人们的内心，
该如何去读懂呢？能引起共鸣吗？
期间遇到过的那些人讲过的故事，整理完之后，
就像小说一样，仿佛感觉和现在的我还有很远的距离。
但是，生活着生活着，看起来像是别人的事情也会变成我的故事，
这种时候，总会想“原来人活着都一样啊”。
虽然从外表看来没有什么问题，
作为一个女人，一个主妇，经常反复说的话就是，
“我活得很好，对吗？”这样的话。
对于这个问题，我现在想用“整理家”来尝试解决。
因为我明白了，整理家也就是在整理心。

源于娘家妈妈
“这里那里”的整理习惯

不管是新娘子还是妈妈级的老手，主妇们对于生活的担心都或多或少是有的吧。因为这些而感到，我到底是做什么的人呢？就这样在家里支配着锅碗瓢勺，我的人生会不会就这样虚无的结束呢？因为是女人，是主妇，说感觉幸福的话全都像谎话一样吧？

其实，我以前也是这样。所以，这次我想说说我自己的故事。

很多人认为，Casa妈咪好像天生就是一个会整理会生活的人。千万别这么想，其实，我也是在结婚之前吃着妈妈做的饭，上着学的不懂事的小女孩。也不是天生的老手，不管做什么事都比别人花更长的时间，往好点了说，就是大器晚成型。所以，对于我的故事，我想说，都是如何如何做完之后，通过运气好才了解的一点知识，没有说是了解了一个就会掌握了十个的情况。就是没事找事，通过各种失误才得到的一些东西。

成为主妇之后对于“存在感”的渴望比谁都强烈地体验过。通过一些辛苦的经验也慢慢的使我领悟到了克服它们的方法。尽管，暂时我们未来要走的路还很长，未来还会遇到什么困难都还是未知数。但最起码不用像被困在四面八方都没有出口的井底那样，叫着“怎么办怎么办”无力地叹息着。作为一个家庭的妻子，妈妈，还有女人活着，我也和大家一样经历过很多次低谷，但也正是借助那些机会也让我找到了希望的道路。有了属于自己的自信。

我的第一本书《Casa 妈咪幸福收纳》里面也有提到，我在学生时代的时候，是一个就算不打扫房间但对于自己的书桌还有抽屉比较注重的孩子。长大之后，对于书桌和抽屉的关注又转移到了化妆台，但是，不管怎么去努力整理还是不像书桌那样有感觉。水乳液每天都涂抹着，每天都擦拭还是会有很多灰尘，当时还很好奇，难道就没有其他办法吗？别人到底是怎么整理的呢？去别人家的时候留心观察了一下她们的化妆台，果然没有不积灰尘的。所以，我就下了一个结论，对于化妆台，不管是谁整理起来都不是一件容易的事。并不是我没有生活经验才这样，即使是生活达人们也没有办法。尽管话是那么说，但也不能就这样放着不管吧，所以就开始把桌子上的东西都放进了抽屉里。

这个时候，小时候整理书桌和抽屉的实力就发挥了作用。化妆品的形状大小都不一样，像书那样被整理得有模有样是很难的。长的东西有时候放不进抽屉就换个方式，再加上做一些隔板，对于放化妆品来说似乎刚刚好。别的呢？除了书桌抽屉和化妆台，剩下的都是一团糟。

就像是蛇蜕皮那样，脱下的衣服就被直接丢在地上，或者是往床上一扔的情况占多数。于是我的妈妈总是不忘啰嗦地说着“把房间好好打扫一下”。而我呢，也总是以忙为借口一再的推托。

“妈妈为什么这样叠衣服呢？这样堆起来找衣服的时候不方便，而且都缠在一起了……”

比如说，妈妈总是不把内衣一个一个地隔开放，只是叠得很漂亮再堆在一起。所以，每次想从中间拿一个的时候，就会“哗啦”一下全散了。于是我就在想，如果有隔板的话会不会好一些呢。

由于我没有亲手尝试，只是评价了一下妈妈的方法，而妈妈呢，对于那样的我自然是很讨厌。

另外还有就是，每当我问妈妈“东西在哪里”的时候，妈妈总是回答说“那里那里”，这种回答无非就只能让人知道是在卧室还是在客厅而已。长久以来一贯都是“那里那里”，每到那个时候真的很让人无语。“看看第几个抽屉的左边有没有”，如果妈妈能像这样准确地回答的话，也用不着徘徊着找来找去了，那该多好。不知道妈妈为什么要那样，也许就连妈妈也不知道东西的确切位置吧。只有我们家是这样吗？或许在妈妈那个时代那种方式是一种习惯吧。

现在看来，这两种情况成为了我结婚后整理的关注重点。特别是结婚前夕，衣服这个那个没有秩序地堆在一起，那种不便的感觉让我深深的体验到了。其实，只要衣服不缠在一起，把详细的位置能说清楚，大概便是我和丈夫整理的路子了。两个人都是上班族，没法一个个地帮忙找，要想彼此方便的话只有各自找自己的衣服了。不知是不是因为这样，在新婚生活里，最费心血的就是整理衣柜和储物柜，这其中当数储物柜最难搞。

结婚前，妈妈用过的储物柜太高太深，叠好的衣服要像塔一样整整齐齐地堆起来，可是这样一来，不仅下面放着什么东西不知道，中间的什么东西抽出来就会使费尽心思整理的东西瞬间变得乱七八糟。为了不重蹈覆辙，我首先就去选购抽屉低的储物柜。当时那个时代还不像现在这样能定制家具这么方便，想要找到我想要的储物柜实在不是一件容易的事。走了好多家店，用省下来的钱终于买下了我想要的储物柜。到现在我还一直在用着呢，就连那个时候放在抽屉里用的收纳篮也一直用到现在。

样板房一样的婆婆家
在整理上也存在着文化性差异

婆婆家和娘家虽然都是长辈的家，但事实上这差异比我想象的要大得多。婆婆家的长辈们实在是“干净利落”。都到了偶尔售后服务工作人员来的时候就会问这里是不是展示房的程度。并不是因为家具和装潢档次高，也不像杂志上面的那样有什么了不起的收纳方法。只是，怎么说呢，虽然只是一个平凡的家，之所以会收获到那么好的反响，我归纳为两点，那就是，眼前没有多余的东西，各种东西摆放的位置都恰到好处。

洗碗台上除了只有一个电饭锅以外，其他什么东西都看不见。筷子筒里只有和筷子跟勺子，优惠券和牙签也绝不混杂，虽然仅仅是基本的分类，看起来已相当的干净。达到了就连煤气罩和油烟机上都没有一点污渍和油滴的程度。

所以，第一次去婆婆家问好的时候遇到了相似的情况。现在还记忆深刻的就是，没有杂物非常干净的餐桌。对比不管什么都是“那里那里”的娘家的饭桌上呢，不管什么时候都是营养剂、卫生纸、各种杂乱的东西在霸占着桌子的空间。虽然看起来没什么，但等到要吃饭的时候，必须要把它们收拾到其他地方，等吃完饭以后又要把它们拿回来。

这真是麻烦的一件事啊，于是我总是在妈妈面前啰嗦，

“餐桌上没有这些东西不行吗？不仅桌子看起来乱乱的，每次吃饭的时候还要把它们收拾起来，多麻烦啊。”

每当这个时候妈妈总是会用荒唐的眼神看着我，

“那里原来就是它们的位置，不然的话，你想放在哪里？有地儿放吗？”

妈妈，还有我，那时候只是不知道方法罢了。

但是，婆婆家的餐桌就是干净整洁得就算是立马要吃饭，也能立刻摆上来吃的程度，干净到好像能发光的程度。就像是见到喜欢的异性，眼前一亮的那种感觉。对于我来说，当时那餐桌强

烈的印象仍然留在我的心中。

“妈妈总说那样不行，现在看来并不是不可能啊。”

当时也不是特意为了去吃饭，但那干净利落的餐桌却成为了我的一种文化冲击。然后我回到家果断把娘家的餐桌全都给清理掉了。把桌子上的药袋和卫生纸都放到了其他地方。为什么以前就没有想到这么简单的方法呢？有些后悔又有些高兴。

但是，看起来如此完美的餐桌，到了真正吃饭的时候却又给家人带来了不便。吃饭的时候如果食物撒在了手上，放卫生纸的地方应该有卫生纸在才能立马使用，但却被我放在了很远的地方，这对于我们家来说很不方便。因为我们还没有这样生活过呢，将近 20 年方便地生活到了现在，就在这不到一会儿的功夫就想去改变，只能是给家人带来不便。结果，我信心满满开始进行的项目就这样，没过多久又变回了以前的样子。

于是，家人就又回到了原来“正常”的生活状态。看着这样的我，妈妈好像就知道会是这种结果，“不知道他们有没有说过，我估计你婆婆家的人这样吃起饭来也会很不方便，并且我们家有我们自己的方式。”

我在那个时候终于知道了，“啊，原来再美的东西也敌不过不方便的感觉啊。”习惯真是一个可怕的东西。并且，想把餐桌上的那些东西挪到其他地方的时候才发现，那里原有的东西也要挪到其他地方去，就这样，这种搬运工作是一个接着一个，尾巴连着尾巴。于是我便又明白了一个道理。

“原来整理并不是整理一件东西就能解决的问题啊，要想保持屋子的干净整洁，必须要有一个全面的整理的计划才行。”

反正想在娘家按照我的意思去实施起来肯定不可能了，不过等结婚以后我一定会那样做，就这样，我下定了这个决心。并且为了不低于婆家的水准，为了不被责备，我一直在不断地努力。每当家里来长辈的时候，碗都要洗好几遍，打扫也会多花几倍的心思。

及时清理又干净利落的丈夫
VS　一次性清理的大器晚成妻子

说起整理，在几乎称得上是国家代表等级的父母面前长大的丈夫，可是个比一般的女人还要干净的人。因为受不了散乱 ，所以每次都是及时清理的风格。即使是打扫也相当地快速又整洁，不知实情的人大概会认为，和这样的男人一起生活的话，妻子肯定会很方便吧，但事实上并不是如此。跟速战速决的丈夫比起来，我则是会花更多的时间去整理，直到满意为止。一般我要花上一个小时才能完成的事，丈夫 20 分钟就结束了。那么，在丈夫看来，这个女人怎么做事这么慢呢，让人着急。而我则怀疑，在那么短的时间内完成的质量是否就有保证呢？所以，我就细心地观察了一下。

丈夫首先是把在外面的东西无条件收拾起来，不让它们出现在眼前。正因为这样，丈夫打扫完之后虽然看起来很干净，但打开衣柜之后，里面塞的东西几乎都会哗啦啦地散落下来，结果还是需要我来动手整理。

新婚初期，对于这种风格不同的夫妇来说，有相互理解的时候，也有争吵的时候，更有犯错误的时候。

即使是生完孩子，因为爱干净的丈夫也没少生气。尽管我一整天都陪着孩子，但仍然把家里收拾得很干净。但正好在我准备晚饭的时间里，孩子拿出了一些玩具在玩的时候，丈夫下班回来了。在我看来，把玩具放回原位就好了，但丈夫却不考虑前因后果发牢骚说家里乱，每当这个时候真的让人心里不是滋味。

因为心里受了委屈，我就申辩了：

“你也考虑一下有孩子的情况吧，怎么还能和以前我们两个人在一起的时候一样呢？”

想想看，其实我并不是在指责丈夫，只是现在情况发生了变化，丈夫却没能对此表示关怀，我感觉，我把家照顾到这种程度已经很干净了，丈夫却说，别人也是过着这种程度的生活来反驳我，所以感觉很生气而已。

丈夫呢，是那种拿出什么东西用完之后一定要放回原位的性格，这样做的话就没有杂乱的理由，他主张孩子从小就要养成这种好习惯。这话听起来并没有错，但是，在我的立场上，我又不能什么都不干一直跟在孩子后面吧，孩子自己玩的时候，我要打扫，又要洗衣服。妈妈们在孩子出生的时候就把所有思考的中心都聚集在了孩子身上，但是丈夫们却不是如此。

刚开始的几次我也没有跟丈夫说什么好听的话。但是为了让丈夫能够真正的理解，我就引用了育儿书上关于孩子玩完之后一次性打扫的理由说给丈夫听。丈夫听完之后也是连连点头说“这也难怪了”。

但是，就算理解了也只是一段时间，最终丈夫总是会下着一样的结论：

“不管怎么样，孩子从小时候开始就应该教他养成把东西放回原位的好习惯。”

这下终于通过丈夫体验到了，只从书本上学到知识的男人和女人的区别。

女人在有了孩子之后就会立刻从女人和妻子的模式转换到妈妈的模式。只要是为了孩子的，不管是吃的、还是穿的，以及生活中的任何不便都能感受得到。但男人就不一样了。男人虽然接受自己作为一个丈夫，作为一个爸爸的事实，但却需要很长的时间去适应。所以说，丈夫认为这个家并不是以孩子为主，而是盼望有一个当他下班时“能够舒服地休息的家”。把家想成了悠闲的休息所。

反过来，对于女人来说，“家”就是战场。于是365天都呆在战场上的女人和回到战场的丈夫之间当然免不了各种烦恼。这就是火星男和金星女的冲突！养孩子的时候，会明显感觉身边的这个人总有些什么地方和自己不一样。

对别人轻而易举的事情，为什么我从一到十都感觉这么难呢？

在韩国不管是谁好像都一样，生孩子之后就变成了全职主妇，在育儿和生活的缝隙里，每一天都像作战一样地过着。而且只有一个孩子的时候还算不错的。只需要把每天用的尿布和涂在屁股上的香粉放在抽屉里就不用清理了。虽然每次都要打开抽屉拿，但是那种程度对我来说还算不上不方便。

然而，当断奶加辅食开始的时候，我才感到真的有些力不从心了，为了给孩子吃新鲜的饭，每次都要现做现吃，对于刚满周岁的孩子来说，吃一顿也只是一两勺而已。都说那样做好，于是就无条件地跟着做了。一天要洗好几次像指甲盖那样大小的食材，择菜、煮饭……又不是过家家游戏，每次都做那么一点，只有累的份儿了。

我在料理方面并不是很有潜质，比起别人总是要花上更多的时间去做。甚至有时会完全忘了孩子在干什么，只忙着做辅食。如果只是辅食的话那还算幸运的，又说布尿布对孩子好，每天又是洗又是煮，打扫也不知道有多努力。因为总想给孩子最好的，所以才会这么累吧。做辅食、洗尿布，我就是那个这样过着一天的新手妈妈。

现在想起来还在后悔那个时候为什么没有请教一下身边的人呢。只知道照着书上的去做，一点儿也不会变通，所以才会这么的难吧。

料理书只买了一本，通常情况下应该会很普通地选其中的几个去做，没有的材料就用其他的代替，或者不要。但是，我呢，是从书的第一页开始一个一个地都去尝试了。真心感觉做什么都不容易。因此，我对于那些像我这样，一味地跟着书上的内容去做，花费了很多时间，又走了很多弯路的人们，表示非常理解。

其实，我之所以这样研究家的整理也有出于我自己的原因。我是和丈夫在同一所大学的同一个系的同学，在校园里结为了情侣。所以，在我看来我并没有什么地方比丈夫差，但是，从新婚初开始，婆家还有娘家的长辈们都说，挣钱是男人们应该做的事。“挣钱不是一件容易的事吧？”“为了妻儿出去挣钱的人很累的。”

我也同样是在家没有休息，整日忙碌着的人，但却从没有人关心鼓励过我。总感觉我只是在做我应该做的，而丈夫则像是在挑着重担的人。虽然是不必在乎的事情，但总感觉自己像是被分解了的空气一样。虽然也没有人指责我，但总感觉自己的存在是那么的微不足道。我的能力在职场上也受过肯定，并不是因为我的意志与实力不足，而是赶上 IFM 经济危机，所以才不得不退出职场的……想起以前的点点滴滴，感觉自己好委屈。

那个时候就生出了一股志气，“好啊？我要让你们看看职业主妇是什么样的！”

就像听到别人说“你没有进职场上班真幸运。待在家中比起去公司上班好多了。”这些话的时候那样，心里的不平转化为了我要努力做到最好的决心。长辈们每次在慰问丈夫劳苦的时候就是在为我增加生活的战斗力。它成了我在育儿、打扫、整理方面的动机。也没有说非要成为会生活的贤妻良母，但就这样坚持着。

只想着努力去做，到最后才发现，只剩下“家”而没有了我

第二个孩子出生后，才知道到现在为止的苦闷还算不了什么。养着连年生的兄妹，从那个时候开始，什么东西被放在什么地方真的不知道，以前就算是平时不怎么用的针放在哪里都清楚地知道的我，自从第二个孩子出生以后，就连每天常用的东西放在哪里了都不知道了。像这种程度，每天都在忙碌中度过着日常生活。孩子们需要经常晒一下太阳才会有助于睡眠才能健康成长，但我却忙着做饭，不知不觉半天过去了，再加上打扫和整理屋子的话，一天也很快过去了。虽然为了孩子们把基准定的很高，但不管是身体还是时间都跟不上的情况下，又只有我一个人在操心，所以总是会有疏忽的地方。

那个时候热衷于生活完全不是因为生活很美好，而是为了孩子们，没有办法才这样做的。几乎每天都是给孩子们煮衣服、煮抹布等，拖地也基本是一天三四次。

于是，逐渐地，忘却了我自己，仿佛只剩下孩子们和家，不知从什么时候开始，连孩子们也顾不上，到了只剩下家的境地。总想着结束家务事之后带着孩子们出去散散步，但等到结束以后太阳已经落山，刮起了凉风，已然是夜里了。不知不觉间，绿色的叶子已经枯萎发黄，变成落叶……也没有人指使我要这样做，但我却每天都忙来忙去，又擦又洗，连出门的时间都没有，没有任何空闲的时间，仿佛是我自己把自己“锁”在了家里。因为整理和打扫，平时连出门见朋友的机会都没有。家被我打扫得发光，我的心却好像要慢慢地荒废了。

就这样，有一天，在一种怀疑感涌上心头之际，我与电脑这个新世界见了面。在孩子们熟睡的夜里，心里仍在惦记着我的网络世界，看来我已经陷进去了。其实也没有什么特别的目的，就是感觉写书评挺有意思的，对于疲劳的我来说，似乎是一种慰劳。可逐渐地问题出现了，原本只在孩子睡着的夜里做的事情，结果竟然延长到了孩子醒了的时候，就这样很自然地把孩子和家给疏忽了。

就这样持续了大概两个月，终于生活还是亮起了红灯。带着连年生的兄妹俩从外面带回来的时候。由于想快点开电脑，于是就把正在推车里睡觉的两个孩子给放在了客厅里。

急匆匆地打开了电脑，整整在电脑前待了 3 个小时。在这 3 个小时里，孩子们就一直在推车里睡着。从那个瞬间起，我就想，坏了，我不会成了电脑中毒者了吧？

这件事至今都没敢跟丈夫说。尽管过去了很长时间，但对于我来说，已经不想再提，因为那件事想起来很惭愧啊。不过后来我才知道，那个时候，我其实是得了产后抑郁症。因此，电脑成了替我找到愉快感的媒介，这种状态的确实实在在有过。

然而，我的梦想是什么来着？

要想跟有趣的电脑说再见的话，必须要找到比它更有趣的东西来代替才行。于是，我就开始在那里自问了。我原来喜欢什么，还有我原来想过要做什么。

这是结婚后，我第一次关于我的梦想认真地进行了思考，真的很难啊。结婚后每天过着同样的生活，就连想要了解一下自身的时间都没有过。所以，就简单回想了一下最近我喜欢的东西是什么。就这样，慢慢想起了结婚前挑选嫁妆时候的回忆，又追溯到以前，我还想成为过家具设计师呢。虽然那并不是我的专业，但还记得大学四年级的时候，学了一个有关家具设计专业的电脑程序设计课程，记得后来又放弃了那门课呢。

回忆开启后，我才想起，我原来想做一名装修设计师。如果真的成为了装修设计师的话，我想我一定能愉悦地投入到里面去。但是，在那个时候，谁会给我那个机会呢。那其实对我来说也只不过是一个像梦一样的希望罢了。尽管如此，还想起过去在小区纸店里跟别人学习过裱糊的技术呢。于是就去大致打听了一下，裱糊技术师教育的课程时间只是在夜里，尽管不收钱，但我希望能在白天趁孩子们睡着的时候哪怕是旁听也好，很多次走到教室前又转身回家，真的没有勇气去。

于是，我就会无缘无故地对着自己发火，大学的时候学过的东西继续学下去的话多好，何必那个时候放弃了，现在又来后悔呢。也是，我既不是专业者，也没有实力、经验和人脉，再加上还没有时间……对于我来说什么都没有，甚至是负数。

这时才看清了自己现实中的样子。尽管如此，仍然无法丢弃那份迷恋，于是我下了一个在家里学习的决心。我在自己家里的墙上刷红漆难道谁还会说什么吗？实在不好看就换其他的颜色呗。

嗜读杂志的时期，两周一换的家

因为是我自己的家，就算不怎么样，也没有人会说什么吧。从这时候开始，代替电脑的则是开始了嗜读杂志的日常生活。在生活中原本向着电脑的集中力一下子转到了杂志上。从凌晨到早晨，翻杂志成为了我的一种乐趣，就和不吃饭肚子也会饱的感觉一样。外国的装潢杂志按照不同的种类长期订阅着，看了一遍又一遍。

按照顺序去读一本杂志是基本的，也会跳过月刊号，按照客厅、厨房、窗门、碗筷这种各领域分类的顺序去读。如果发现书中有什么好的创意也不忘拿出来尝试。如果是在孩子们睡觉的凌晨，就会在地上铺了毯子来挪家具，只要有了毛毯，就算没有丈夫的帮助我也能轻松地完成这些事。

当时住过的房子是走廊式26平米的公寓，在那种构造条件下，我几乎尝试了所有的排列方法。到了一种家具不会在同一个位置出现两周以上的程度。那个时候获得的熟悉的空间感觉不知道对现在的咨询有多大帮助呢。根据家具的大小，屋子整体的感觉如何地变化，我都清楚地知道，所以才能设计出各种各样的方案来。

这个时候我连想都没想过自己会成为收纳专家呢。只是仅仅把家具挪一挪，把行李都整理好罢了。挪家具的时候，里面的东西都要拿出来，然后再放回去，可是那些东西如果杂乱无章的话，比起挪家具，内部的整理变得更为重要，所以，就算是为了能方便挪家具，也有必要先把东西给整理好。也大概就是这样，我开始对收纳进行了正式的思考。

从那个时候开始，叠衣服时总在想，“没有什么方法能把衣服叠的更好看一些吗？”当时并不像现在这样有一套完成的整理方法，只是通过一次次尝试，这样弄弄，那样弄弄，感觉不方便的时候就换一下，把叠得很漂亮的衣服横着放不舒服服就竖着放，就这样不断地进行了无数次尝试。渐渐地就掌握了很多美丽又方便的收纳方法。还有就是，挪储物柜的时候，总要把抽屉给拿掉然后再挪，但每到那个时候，抽屉里面的东西总是会变得很乱，很不方便。

所以就想了一下能让它不乱的方法，于是就利用到了隔板。就这样，生活中一个个与我相遇的问题使我从中学到了很多。

后来在小区里，都在传闻我们家的装潢很不错，于是就有了想要做得更好的欲望。其实，不仅仅是我们家，我还见过很多漂亮又有感觉的屋子。不过，真的感觉所有漂亮的屋子似乎都有一个共同点，那就是收纳都做得很赞的事实。为了和那些漂亮的屋子有一些差别化，我就开始在收纳上下功夫了。这样一来，首先人们都对我的努力付出表示肯定。“果然这个家和别人不一样啊。”这种小小的称赞也就都成为我能量的源头，让我渐渐地体验到了自己的存在感。即使称赞也有停止的时候，但是总对自己说“做得好，做得好”，于是真的以为自己做得很好，也就更加努力了。

改变我的一句话——“一平也很珍贵”

必须要从网络的深渊中挣脱出来，但我却没有什么会做的东西，就在那个时候，不能不提我和楼上的那位姐姐的故事。

在育儿网站上认识的那个姐姐当时就住在我们家楼上。当时在我们那个小区，大家都称她为“装潢终极王”，这是因为她是一个对于装潢有着与众不同感觉的人。她和我们家房屋的构造是一样的，去她家的时候就会感觉到所有的东西看起来都很不同。

即便是一样的家具，放在这位姐姐的家里，就会感觉像是从意大利进口回来的一样高贵。通过那位姐姐，我真的学到了很多东西。

不管是订阅国外装潢杂志的方法，还是对于边框安排部署的创意，都是因为那位姐姐才学到的，仅仅是这些吗？还有以前认为房间太小什么都不行的传统观念也是托这位姐姐的福，我才打破了那种旧的观念。

以前总感觉只有大房子才适合的吊带婴儿床，在这里也显得那么的自然，代替衣柜的是储物柜和墙，利用吊带床感觉就像展厅一样干净舒适。每次去的时候总会有新的创意和品味，让人惊奇得合不拢嘴。一点也不亚于我在婆婆家见到的“餐桌冲击”，对于我来说这又是一种新的冲击。

但是，尽管那位姐姐的家里有许多便宜又好的装修物品和收纳工具，但是每次想问她在哪里买的那些东西的时候，她总是会说“你不知道也行”，还有想问一些好的装潢创意和收纳方法的时候，她也是那样的回答。但我好几次还是坚持要问，于是姐姐就一脸不耐烦地对我说，“教你的话，你真的愿意尝试吗？”

其实，刚开始的时候，姐姐也是在别人问的时候，每次都告诉她们这些东西在哪里买，怎么做，花了30分钟甚至一个小时，带着诚意与热情跟她们分享自己的经验，但是，实际上，真正去买来实践的人根本就没有。所以，现在也就不想去浪费那个精力了。

有一次，姐姐来我们家看见了在墙上挂着的相框，就很高兴地说："这不是我上次告诉你的方法么，从来都没有人按照我教的方法实践过呢，原来你知道怎么做啊。"

在这个世界上，虽然有名的设计师和造型师有很多，但在我的眼中，那位姐姐拥有比任何人都要成熟的感觉，是一位真正干练的专家。那个时候对于我来说，就是我的天使。从那以后姐姐在我问她的时候总是很亲切地教我。在她的信息和真诚的鼓励下，我的感觉也得到了很好的发展。努力地看着杂志，连以前不顺眼的窗框也换了一下风格，还有家具，从杂志上涉猎了各种领域。以至于那个时期内流行过的室内设计几乎全都被我尝试过。

还有，那个时候姐姐说过的一句话，至今都像补药一样反复回味着。"不管是 10 平还是 20 平都是我的家，这个事实非常重要。年租还是月租都不重要，此时此刻我生活的家才是重要的。只有把那个家，不管是 1 平还是 2 平，只要想着那个地方很珍贵，并且用心去装饰它，那么，在家以后变宽敞的时候才会有那种装饰的感觉和眼力。只想着屋子变大的话，感觉难道一下子就来了？别人家 100 平看着再漂亮，也不及现在你脚下踩的 1 平珍贵。"

姐姐的直言对我来说就像神来之笔一样印在了我的脑海里。以前我很喜欢古玩的，但后来放弃她们的理由就是屋子太小了。古玩要和各种饰品一一地聚齐才会有光泽，所以才感觉自己的家很小没法办到。

那个时期，姐姐的家里就有古玩柜，尽管和我家一样的构造，一样的大小，但这样的装饰柜放在这里竟然也会这么的合适……真的很不可思议。于是，那件事也就成了我的动因，我也改变了自己的想法。

“啊，原来没有什么是不行的啊，就算真的不行也要先尝试一下再放弃吧。”

在做咨询的时候。发现很多人总说这个这样不行，那个那样也不行，总是带着自己的框架去考虑。每当这种时候我就会这么说，就算是走“之”字形道路，曲曲折折，但总归还能向前走，如果在同一个位置总是说这样不行，那样也不行，站在那里动也不动的话，那只能是一步也走不出去，只会让人更头疼。我认为，比起担心遇到障碍物而不敢出发，还不如先去接触一下试试，实在不行的话再回过头来重新尝试也好。如果对于自己来说，那是一个固定观念，就打破它走出来，如果到时候真的是克服起来很困难的话再转身回来就是了。

改变我人生的椅子，成为实力博主

屋子小并不是问题，带着这种自信，我开始收集起了古玩和家具。就这样，家里的家具渐渐变得多了起来，不知不觉又到了该整理的时候了。古玩椅子该处理了，不仅是我爱惜的东西，而且在我的消费水平上也是一笔不小的数目，毕竟是花钱买来的，也不能随便就卖了吧。就在那个时候，在网上发现了一个叫“柠檬阳台”的社区。

和其他一些二手交易网站有些不同的是，那个社区里对室内设计关心的会员比较的多，于是，我的椅子好像很受欢迎。但是需要一定的活跃指数作为条件才能进行二手货交易。不仅需要经常发帖，还要经常参与回帖，用一句话说就是，作为会员需要一定的活动量才行。当时也没有什么想写的帖子，就想起了以前一个姐姐看着我们家的冰箱，说她也想那样整理，还为她拍下了照片。于是我就用那张照片和一些简单的描述发了张帖子。后来发现浏览的人数慢慢增多，那张照片竟然上到网站主页面上去了。

自从几年前戒掉在电脑上写书评以后，后来除了网上购物和访问一些喜欢的网站以外都没怎么用过电脑，没想到这个时候那张照片竟然会成为一个话题。后来一看，不仅访问者相当的多，连回的帖子都多到数不清的程度。真的感觉很新奇，虽然当时吓坏了。后来，连电视台的出演邀请人也来了。于是，杂志摄影也做了，也正是因为那个姻缘，才做了有关收纳的讲座。那个时候，负责人给了我一个建议，让我把博客系统地整理一下。说按照各种种类去整理内容的话也会方便资源管理。以前都没有想过怎么去活用博客，现在尝试一下感觉也不错。

因为想讲课的话会需要很多照片，于是就把现有的照片都发到了博客里，再加上一些说明，就组成了很多有用的信息。每次写新感受的时候都会受到博客上的人们和邻居们热烈的反响，于是，我也就有了劲头，变得更加努力了。对每一个收纳创意都诚实地记录是基本的，还有人们通过邮件发给我的一些关于自己对于收纳的苦闷想法，都需要我带着深深的同感去读，尽心尽力地去回答他们的问题成了我日常生活中重要的一部分。就这样反复着这种日常生活，我的博客借着大家的口碑，渐渐变成了实力博客。

博客广受瞩目，杂志、新闻、广播，还有电视上，都在介绍我的收纳方法，连公寓建设企业和浴室专门企业的咨询顾问也在做着。另外，因为在做着收纳咨询顾问，竟然与室内装修结合，扩大到了收纳的领域，而就连我自己也不知怎么地就那样实现了我想做室内设计师的那个愿望。10 年前作为专职主妇的我想都不敢想的事就这样成真了，而它则开启了我人生的第二幕。

再次落入低谷！“为了整理而整理”陷入两难

在博客里发回复的人们使我几乎要跳舞了。为什么会有这种想法呢？“真的很有用啊”、“亲自尝试了一下真的既方便又好”，就算是一点点好的创意也会引来大家的欢呼。如果感觉是不错的创意，首先从回帖数上就可以体现出来。被这种反响鼓动着，不知从什么时候开始，为了取得更好的反响，在思考收纳创意上几乎让我使出了浑身解数。需要的收纳工具也越来越多，可以说是过分地注重细节。必须要有多彩的创意才行的强迫观念也慢慢地变得严重。好像又变回了以前为了整理而整理的日子，渐渐地就像把自己关进了一座叫整理的监狱。

一整天都是在想关于整理的事情，根本就没有考虑其他事情的时间。仿佛整个家都被收纳创意给塞满了，要想保持这种状态，恐怕我就算有十个身体也不够。尽管别人来我们家总是称赞说，没有比这里更完美的了，但我自己仍然感到不满足。哪怕有一个角感觉有不足也会想要更、更、更加地完美，于是就起了更大的贪心。事实上，那个时候家里的东西已经很多了。别人都说在网上挑东西很难，而我却已经超越了那个水准。

就算只是看着画面，我就能在头脑中构想出这件东西放在我们家的哪个地方合适，那时的我已经达到了拥有这种眼光的境地。“我来买就行了”的自信有冲天的气势。于是便不知不觉地陷入了，只相信自己的眼光和能力来购买才能整理的恶性循环中，所以，物品也像瞬间爆发一样的变得很多。尽管如此，不管怎么样，看起来还是像被整理过一样，人们果然还是不住地称赞我为“整理达人”。那个时候的我认为能把更多的东西轻松地放进去，拿出来又能很轻易地整理的收纳方法才是最高的收纳方法，为了找到那种方法，几乎拼了命。

大概就在那个时候，我们搬进了30平米的公寓。但是，随着房子变大之后，几乎就用不到那么多的收纳创意了。因为不用那么费劲地构想，家具都能很轻易地放到它们该放的位置。原来房子大了以后，即使没有那些也一样可以整理得干干净净。在此之前我还总想着，好像只有与创意结合起来整理才能做得更好，只有这样，人们的反响才会高涨，就算是为了不辜负大家的期待，也一定要找出更多更好的创意与思路。

看不见东西的空间反而产生了空白，让人感到不安。人们总是喜欢新的创意，结果现在成了这样，目前为止我做过的那些事都白费了吗？莫名地一种空虚感涌上心头。所以，发现有空间的话就去购物，再买一些东西来整理，就这样反复着。于是，从某个瞬间开始，这样并不对的想法，在我的脑海中闪过。就那样陷入了“为了整理而整理”的漩涡，也使我进入了严重恐慌的状态。由此我开始探求“真正的整理，到底是什么呢？”了。

整理家，其实就是整理内心

在做着各种企业的咨询顾问的时候，我对于收纳的需要与其重要性又有了新的认识。建设企业在设计公寓和浴室企业做产品的时候，向我发邮件和帖子，请求我帮忙的人也有很多。根据他们对收纳咨询的需要，可以确信，收纳并不仅仅是单纯的整理生活。

我也通过生活经历了许多，每次读到跟我一样经历了那些烦闷与空虚的人们的故事时，就会非常地能理解她们的心情。于是就一一地回复，不管是邮件还是帖子，回复的时候还会连关于那一方面的其他苦闷和自己的内心感觉都一并写上。

比如说，“整理厨房的时候，饭勺应该放在哪里呢？”仅仅看到这一句话，就已经在心里描绘出那个家厨房的样子，连同处于那种情况下的女人不知该怎么办的烦闷心情都感受得到。估计这个家不仅饭勺的位置不知该放在哪里，洗涤槽上面也是一点空间都没有。就算不说我也能猜出来肯定被一些其他的东西占据着空间。用文字无法表现出来的无数的情况都在我的眼前描绘着。

想像对待自己的事情那样去安慰她们，想告诉她们的东西有很多。每次都是给她们字字句句地写了很长来回答她们，就连她们不好意思问到的一些问题都分析到位，就这样，慢慢地我开始尝试从不同的视角去关注收纳。

反响还算在我的预期之上，“把家好好地整理之后，那些烦闷的事情也解决了，心情变得很轻松。丈夫和孩子也都非常喜欢。虽然看起来不算什么，但总感觉像做了一件大事一样，现在其他的房间也能整理得好了。”就像学生时代绞尽脑汁都解不开的数学题目突然被解开了的心情一样。那种开始很好，中途却遇到一些过不去的坎，险些放弃的问题却突然被消除的快感。只要是那样尝试过一次，以后就算遇到再难的问题也能鼓起勇气去挑战。通过博客上许多人讲诉她们关于收纳的苦闷，然后又一同去解决，陷入左右为难境地的我也慢慢地恢复了自信感。

从那时候开始，我就察觉到，对家的整理其实就是对内心的整理。并不是因为在乎谁而要表现给别人看才做的整理，也不是为了整理而整理，而是作为能使我的生活变得更方便的一种办法，我们需要去整理。并且，我也确信，无论是谁都能够通过整理家来解决生活中的很多问题。

我曾经遇见过一对经历过夫妇关系危机的客户。一切都为了孩子教育的妻子总想着，只要是为了孩子，不论是自己还是丈夫都应该忍受那些不便。家里放着满满的都是孩子们的书和教育用具，原本不是很窄的房子却连下脚的地方都没有。再加上那个女人和丈夫两个人都要上班挣钱，做家务事的时间和余地几乎没有，随着时间累积，丈夫最终离开了那个家，妻子慌忙得不知该怎么办。

我去她家的时候，比起家里堆满的行李，我更为客户不断地责备自己的现状而感到担心，那时候这个女人说，现在才来整理家虽然不能让丈夫再回来，但不管怎么样，还是想整理一下试试看，也许只有这样自己的内心才会得到整理。

在整理的过程中，那个女人就开始跟我讲诉，自己终于明白了在此之前自己有多么的没有好好去照顾丈夫。虽然有很多连包装都没有打开的新衣服，但是丈夫真正穿的衣服都是一些破旧的衣服，下班回来的丈夫连能舒服地看电视、看书的极小空间都没有的事实，现在她终于明白了。

“这个家里我的东西一个也没有。”“对于我，你一点都不关心，不是吗？”“在家里哪怕是睡觉我也想舒服地睡一下。”对于有时候丈夫说的这些不满我都没有在乎过，就那样当耳旁风了。但丈夫却似乎把它们一个个地堆在了心里。丢弃着那些不需要的东西，把内心角落里的那些执着也一同丢掉，重新布置着房间，很茫然但还是期待会有好事发生。通过整理家，那个女人渐渐地理解了丈夫的内心。

结果，离开家的丈夫又回来了。并不仅仅单纯的是因为家变得干净了才回心转意，在整理家的过程中，就像妻子说的那样，看着整理后的家，丈夫也看到了妻子的真心。虽然有些晚，但看着妻子为了自己而付出的努力心里获得了很大的安慰，所以才有了重新开始的勇气。并且就在不久后，那个女人来电话了。

“那时如果没有整理家的话，我估计会疯掉或是做一些想不开的傻事。真的很感谢你。” 整理就是抓住生活希望的绳索。不仅仅是把生活整理得漂漂亮亮，也是在给受过伤凌乱的内心一个治愈的过程，这些事实让我再次明白了，家的整理就是对内心的整理。

看着因为有三个孩子而乱糟糟的家，不知该怎么办的我的朋友也这样说过。那个朋友也是丢掉旧的包袱，边整理着，就连自己都不知道怎么的就从产后抑郁症里走了出来，简直像换了一个人一样的与往常不同了。并不是家变了，而是没有生机的身心被重新灌满了能量。

女人们经常会有比谁都烦闷的时候。普通地生活着，就会不断地有各种矛盾因素找上门吧。就像在空中漂浮着一样，难以抓住那奇妙的心。这种时候，你的家往往会代替你说出那种心情。这样看来，女人心痛的话，家也会跟着痛。

在为了整理而整理的过程中，走向单纯的生活

自从明白了“家的整理就是对内心整理”之后，我也变得更忙了。讲座的地点广泛到了文化中心与福祉馆，内容也有了一些调整。

如果说过去是以怎样才能把家整理好为话题的话，那么现在则是以怎么样才能轻松地整理并且单纯地面对生活为话题。很多人都在梦想着“完美的收纳”我以前当然也是把这个当成目标不停地努力着折磨过自己。而现在，那个目标则变成了“使我舒服的收纳”。

家就是女人的心，人的心哪里会完美呢？只要内心平静又悠闲的话，那就是最好的了。所以，空间也要有一定的保留，在需要的时候才能填补空白。

这样说的话，整理也就不单单是漂亮而又细致的收纳，而是舒适又容易的收纳，并且是容易维持的收纳。“丢弃”、“分类”、“清理”这三点一定要在我们的身体里保持住平衡才行。这样的话，不需要的东西才能不会被浪费，在时间上也会获得更多的悠闲时光，好好地去享受美满的现在。那些时间为了自己而用的话，“我活得好吗”，“我是做什么的人呢？”这些对于自己的发问就会静悄悄地消失了。

想到这里，我才发现自己犯了十年以上的错误。刚开始的时候还总是怀疑，整理又不像料理，教得会吗？但事实上，并非我想象的那样。

“还是第一次知道，原来整理也是可以学习的啊。”“活了几十年都不知道的我，现在年轻人竟然都知道，真的了不得。”“学过之后果然更好了。”“按照学习过的来做感觉真的太好了。”很多人经历了连我都不知道的收纳的奇迹。

在别人看来，完美的收纳有时候反而会成为束缚自己的枷锁。而对于我们来说，真正需要的并不是在别人的眼中看起来多么幸福，而是自己来装扮生活中属于自己的那份幸福。为了这种幸福生活来整理家，整理自己内心的话，就算投入再多的时间与努力也都是值得的。

每当人们直面一些生活中难以解决的困难的时候，往往会在某一个瞬间放弃自己的想法而安于现状。我也是一样。当现实中，问题总是连着问题不停出现的时候，我们又会不断地自问自答，结果，我终于通过整理整顿明白了，使我们产生想法与行动的那些小小的勇气与勤奋都将成为我们生活中重要的能量。突破口并不是宏伟的哲学里学出来的，而是缘于我们脚下的那一片每个瞬间都陪伴着自己的小小的空间。整理内心就是从那些杂乱的卧室、客厅、厨房开始的。

因为，家呢，也可以说是女人的心嘛。

转变家庭主妇地位的

2.

正能量故事

现在开始我想正式地讲一下关于整理整顿的故事。虽然我们总是有关于整理的一些想法，但是真正想开始实践的时候，却又会被那些扑面而来的困难所打败，这到底是为什么呢？我们需要对于这一点用心的进行深入地思考。实际上，先不管整理整顿的方法如何，与此同时更重要的是心理准备与丢弃技巧的问题，还有当你知道整理整顿并不是单纯整理物品的时候，就会变得轻而易举。你也将从经历相同困难的别人的故事中获得勇气和能量。

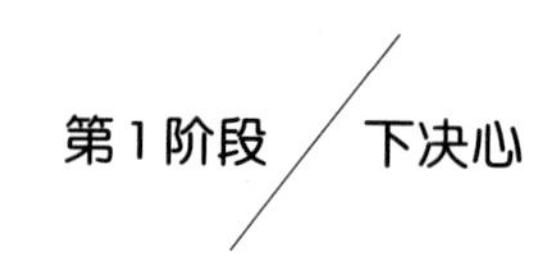

对于我们来说，真的没有时间吗？

“一整天下来要做的事情都不知道有多少，哪里还有整理的时间？”在管理博客的时候，还有在讲课和做咨询顾问的时候，见到的许多人都经常说这句话。从某个角度来说这句话当然是对的。女人们要做的事何止整理呢？要做饭、洗衣、打扫，再加上照顾孩子，抱怨没有心思和时间去坐下来整理的这些话一点也不假，而是事实。每天都在不停地像超人一样跑来跑去，在别人看来很正常的这种连续的日常生活，但委屈的时候又何止一两次。

不久前，在电视上看到这样的广告，不禁深有感触。丈夫下班回家的时候，妻子像葱泡菜一样打着盹儿，看见这种状态的妻子，丈夫似乎有些寒心。

“又睡觉？”

而这个女人呢，当然不像丈夫看见的那样是一个只会睡觉又令人寒心的女人。丈夫去上班之后，正式开始的日常生活就算不细说，大家也会知道。一整天都在忙碌着家务事，不知不觉就到了晚饭时间，因为涌上来的阵阵疲倦，到了丈夫下班的时间就会忍不住发困打起了盹儿。不知内情的丈夫却还嘲笑女人是享福的命，什么事都不用做只会玩呢。我看着广告虽然感觉很好笑，但不知怎么的又有一种苦涩的感觉。

在这种情况下，把家里翻一遍进行整理的话，恐怕并不像话说的那样容易吧。可是，如果总是说等有时间再去整理的话，恐怕这一生连开始的机会都没有。那么像我这样的人都是因为时间充裕了才做的吗？千万不要这样想，不管是谁，如果说起没法整理的理由那将是没完没了的。再加上迄今为止，一次好好整理的经历都没有的话，那么理由也就更多了。

作为比谁都知道那样做不容易的我，我推荐的方法是，要单独确保整理的时间。整理整顿这件事本身不是因为高兴愉快而做的事，所以，如果不单独抽出时间来进行的话，一有其他的什么事发生的话就会被拖延。总是因为这样那样的事，“下午再做吧”，于是就到了夜里，然后又说“明天再做不就行了”，很容易会变成这种情况。可是，到了第二天就行了吗？当然不会。

虽然每天连坐下歇息的时间都没有而一直忙碌着，醒来以后又会有重复一样的事情在等着你，在这种日常生活条件下，能够悠闲地整理东西的时间恐怕永远都不会有。其实也不需要费上几个小时，只需要抓住那些溜走的时间就足够了。反而是要请大家收起那种想在一两天之内就速战速决的想法。整理不是轻易就能结束的事情，能够做到一次性干净利落而不做第二遍的才叫整理。

从博客开办到现在，我一贯强调的内容就是，每天抽出 30 分钟，坚持 6 个月的话，家就会有明显的变化。很多人刚开始肯定会很惊讶吧。只做30分钟的话会有什么变化呢？但是，只有这样才能够持续地做下去。特别是要在一天中身体状态最好的情况下，集中精神去做才行。不过那个时间根据个人习惯估计会有些不同。有可能是在早晨，职场妈妈的话，下班后在吃完晚饭哄孩子睡觉之后的夜晚时间也很好。不管是早晨10点还是晚上10点都没有关系，重要的是完完全全地集中在整理整顿上的时间是一样的。

智能手机，
关掉一会儿也没有关系

就连所谓的闲余时间都没有的话，请回头看看自己一天的日程吧。主妇们大部分早晨的时间是和丈夫、孩子一起度过，之后就开始打扫或是洗碗，刷盘子，然后就会打开电视，看一些资讯节目和电视剧，就算只是大致把电视频道都播一遍，很快，一两个小时就过去了。可是，又要接孩子朋友妈妈的电话，偶尔还会遇到有朋友约吃午饭，不歇气地准备完之后到了孩子们下午放学的时间，又要给孩子们准备点心，然后又到准备晚饭的时间了。一天就这样过去了吧。

仅此而已么？智能手机也要翻翻看吧？时时刻刻弹出来的广告、信息，还有各种SNS（社交网站）一个个地回复的时间也要算进一天的日程中吧。抓着智能手机的瞬间，时间就像光速一样

过去了。即使是简单的发信息，回信息，也要花费 20~30 分钟。虽然看着手机觉得自己是在休息，但是看着手机不断地读一些东西，把它们塞进脑袋，不感觉这对休息的时间是一种妨碍吗？

我也是属于自从换成智能手机之后，基本把休息的时间都给了手机的那类人。刚开始只是认为可以利用智能手机来有效地确认邮件及管理博客。但后来发现动不动就用它看电视剧和浏览网页的时间越来越多。从某个瞬间开始我终于意识到拿着手机的时间实在太多了。

由于有过一段网络中毒经验的我，感觉到了这样下去也会变成手机中毒者的危险。于是就从以前在 SNS 开心地活动过的群里退出了。并且对于确认邮件和管理博客也尽量用电脑。

事实上当时从 SNS 群里退出的时候，断了和朋友们的联系，感觉自己就像一个背叛者一样心里有过不安。不过，全部退出之后反而觉得很轻松也更自由了。

所以，那些说因为没有时间而没法整理的各位！即使是抓住浪费在手机上的时间对于整理来说也足够了。如果舍得抓住使用手机时间中的 30 分钟去下决心整理的话，就请在那段时间内把手机电源关掉吧。或是决定整理的 30 分钟里，不管电话怎么响也不要去看一眼。因为如果真的是有很重要的事情的话，对方肯定会再次打过来或者是发信息的。另外就是，在下定决心整理的这 30 分钟里，不管受到外界的什么妨碍也要坚定自己的内心做下去。整理这个东西并不是一件因为有趣然后集中精力自己就会完成的事情。是需要自己去花心思而且要下决心才能完成的事情，并不如想象的那么简单。换句话说，最重要的并不是时间的问题，而是想要去整理的那颗诚恳的心。

就那样去坚持 6 个月的话，家也就会很自然地得到整理。计算一下向专家整体咨询的时候需要的费用吧。1 万 ~2 万块钱一下子就飞走了。那样想的话，这难道还不能成为你拒绝手机 30 分钟诱惑充分的理由吗？

不管怎么样忙于生活的人，对于每个人来说一天都是一样地过着 24 个小时。尽管如此，还是有人总是叹息时间在无可奈何地溜走，也有一些人则是把一天的时间过得像 48 小时一样的有活力。是成为前者还是后者，顾名思义，要看自己怎么想了。

请不要小看那些零碎时间

在学生时代，还记得好不容易下决心起早去图书馆，然后学习到很晚的那种心情吗？

当时的那种心情别提有多爽快多高兴了。仔细想了一下理由好像有很多种，其中一个就是我按照自己的意志力支配了我自己的时间，所以感到很满足。呆在那里什么都不做，想要管理流动的时间不是一件容易的事。不过，一旦你成为时间的支配者之后，不管对任何事都会产生自信心。对于整理整顿来说，时间的灵活运用同样显得特别重要。

首先，请尝试一下活用自己的零碎时间吧。你会意外地发现，原来这些零碎时间能做的事比你想象的更多。早晨的电视和广播绝对放弃不了的话，继续看也没关系。代替的是，在看电视剧的同时或者听广播的时候，可以拿出一张报纸摊在地上取一个小的抽屉，把里面的东西倒出来整理一下。又不像在读什么很难的书，这种程度同时做整理也没有什么不合理。一个小抽屉的程度，可以在短时间内很快地整理出来。就这样坚持一个星期的话，家中的抽屉几乎全可以整理好。比起这个，还有更短的零碎时间可以用来整理呢。

我们通常都会把零碎时间范围定义得很短，“不管怎么样也要 20~30 分钟吧”，如果是这样的话，就有必要从对时间的固有观念开始改变了。零碎时间可以是 1 分钟，也可以是 10 分钟，一般是在做两件事的途中移动所需要的时间。

让我们来想一下大规模地做一轮整理的情况吧。就算是抽屉里的衣服都整理了，也没法每天都把家里的抽屉打开进行整理，因为那样的话，要做的事情实在是太多了。

这种情况下呢，在码放叠洗过的衣服的时候，别的衣服也稍微地照顾一下。在拿衣服的时候凌乱的部分用手顺手抚平的话，就会变得很整齐。拿出来用过的物品再次放回原位的时候，周边的东西也留意整理一下。除了这些，还有很多。

在洗澡的同时把玻璃也擦一遍，刷牙的时候，用刷子将洗面台轻轻地擦一下，就这样坚持一个星期的话，浴室就被整理好了。

即使是这样，整理过的状态也可以维持一段时间吧。

这样看来的话，零碎时间就是非常简单的日常。就像是食物一样，把大的剪成小的，吃的时候会更有利于消化。如果嫌麻烦，难以下决心去做的话，像这样把范围缩小，利用一下零碎时间试试看吧。平凡的时间活用起来，心情也会变得更好，下决心也会更容易。

虽然，想下更大的决心的时候会感到有负担，但是，如果好好利用这些零碎时间的话，缠在一起的线团反而会意外的容易打开。

尽管如此，为什么要拖延呢?

不知道要从什么地方开始，真说要开始的时候，也不知道该怎么做，也不知道要用什么工具，又舍不得丢东西，就算整理之后不知是哪里做得不好，立马就变回了原来的样子，所以讨厌去做，时间也没有，今天已经很累了，明天再做吧……

不管是谁都会有这种想法。但是又不管是谁，如果想要克服这些困难的话，怎么能对自己说不行呢?

要想一下子把全部问题都解决的话，那将会更难。没有想整理的念头、还有疲倦都是因为没有抓住自己的心才会这样吧。于是就变成了“总会有时间让我整理的”，总是带着这种茫然的“未来”却失去了真正重要的“今天”。“Present”不仅仅有“现在”的含义，还有“礼物”的含义。那么对于“现在”，像收到“礼物”一样去感谢了吗？整理就是使现在变成礼物的一种方法。这样说来，难道不能成为不再拖延的理由吗?

假如说，给你十种作业的话，其中有困难的也会有简单的。从理论上来说，先从简单的开始，一个个地做的话就可以了，但是如果脑子里总是在缠绕着“有 10 个？那要让我做到什么时候啊”“我不做了”“下次再做”这样说着就变成了拖延。

到底为什么要拖延呢？

只是拖延，又没有人帮忙解决，到了下次，明明知道只是会增加时间的紧迫感，却还是不容易改掉这拖延的习惯。于是，就开始去寻找无谓的借口了。

“如果有人帮忙的话，我也能做的很好啊，哪怕是一次，我差不多也会把东西放回原位啊……”

请放弃那种等待吧。首先从改变心态开始的话，不仅可能会遇到肯帮助你的人，还会培养你结束一件事情之后就能知道下次应该怎么做的眼光。

只是默默地坐着，等着感觉慢慢地消失，不仅不会对你的感觉有任何提升，而且，慢慢的感觉也会腐烂的。情况改变的话就会做么？如果不用自己的双手去接触的话，情况是好不了的。还有就算是得到了谁的帮助，该扔掉什么东西，该留下什么东西，最终的决定权还是在你自己手里。哪怕是去专家那里去咨询也是一样。情况只有自己在自己肯去动手做的时候才会开始改变。所以说，最好的帮手还是自己。

传说，北极有一只总说“天一亮就盖房子”的鸟。那只鸟每天夜里都在寒冷的北极颤抖着说，“天一亮我就盖房子”，哭着好不容易度过了一个艰难的夜晚，可到了第二天早晨，温暖的阳光照耀着，夜晚下决心要盖房子的那颗心又变得无影无踪，一会飞到这儿一会飞到那儿，又到了寒冷的夜晚，这只鸟又开始说，“天一亮我就盖房子”。

想想看，这就和我们不愿意去实践的样子多么地相同。

请丢弃那种要把很多问题一次性解决得很好的想法吧。从简单的作业开始，一个一个地做，至于困难的问题，花费多一点的时间就行了。

你说，即使东西很乱，哪些地方放着什么东西，你也全都知道?

“即使看起来很乱，但是哪些地方放着什么东西我都知道。需要的时候找出来就能用，一定要像电视里的那样周密的整理，人人都那样整整齐齐活着的理由是什么呢？那都是别人的风格，我呢，感觉像现在这样也没有什么不方便，有必要整理吗？”这些话主要是从不会整理的那些人口中频繁听到的话。

但是，这些人一次也没有在整理好的状态下生活过，所以说，到底哪种生活状态更好，还比较不出来。如果说真的在那种凌乱的地方生活也能感受到生活的便利的话，那么在整理好的环境中那种安全感与便利感则会变得更强烈，恐怕这种想法没有过吧。

我知道的妹妹的丈夫就是这样。那个妹妹想要尝试整理的时候，尽管向我问过许多有关这里那里的整理方法，但是回到家里从来没有实施过。当时心里还在想，为什么会这样呢，于是问过之后才知道，原来是丈夫认为现在的状态更方便，没有必要去费力气整理，整理了反而更麻烦。丈夫果然也是这么说："我用的东西在哪里我都知道，所以不要白费力气去整理。"但是话又说回来了，早晨出门，晚饭时间回家吃饭睡觉的丈夫，在这个家里的生活用品究竟有几个呢？也不过就是衣服和携带品。甚至可以说用手碰过的东西都寥寥无几，连我们每天用过东西的三分之一都不到。却说他知道并且可以找到那些东西的位置。其实剩下的东西不知道在哪儿的情况更多。

人们正是因为通过那些没有整理而堆在一起的东西获得了安全感所以才会这样的。但是这其实只能叫做包装出来的安全感，即将成为假安全感的概率很高。在不知道如何整理那些东西的情况下，这只是在给自己找理由，自我合理化。也是因为没有真正体验过整理之后的那种方便与安全感，所以才会如此。

另外就是那些并不需要的东西总是携带着，总想着总会有用得到的时候，让人舍不得丢掉那些东西。所以每年都在重复着，这个东西再用一遍再丢吧。于是，有时候看着凌乱的家有一种很烦的感觉，有些时候又不去理会它们。所以就算是为了给这种内心找一个安全感，整理也是有必要的。

想一想学习的时候整理知识要点的重要性吧。整理要点的理由是为了真正需要的时候可以直接拿出来用吧。因为一整本书没法直接灌输进脑袋里啊。

在短时间里需要学习的时候，没有时间将一整本书全部读完的时候，就算是把整理过的要点大致看一下，考试分数还会大相径庭呢。相反，总是自信地感觉课上的内容都理解了，不整理也一样能考好的话，结果都并不会太好。

而这种时候通常又会说考试题太难了，课上讲的东西都没有出现，一味地找借口。说即使“不整理也都知道在哪儿”，其实就和说“不整理要点也能考好”是一样的道理。

熟人中有那么一位，不知道是因为童年时期家境困难还是什么别的原因，她把堆积起来的物品都视作财产，比起零乱与否，在她的想法中倒认为那样才充实。结果在丈夫的劝说下，好不容易开始整理，丢着那些用不到的东西，看起来真的很困难。就那样困难地结束完整理之后发出“原来这才叫整理啊”的感慨，说这是自己出生以来第一次有这种体验。她说自己体验到了与之前东西堆在一起不一样的安全感，之前一次也没有在整理好的空间里生活过，不知道会有这么好的感觉，明白了通过那些东西而得到的安全感，只不过是自己做的包装罢了。

请不要忘记整理的最终目标。事实上，并不全是为了“周密地整理完之后能够轻松地找到”。把东西整理得井井有条绝不是唯一目标。不论，把东西整齐地整理好，还是使空间变得干净整洁都只是最终目标里的一项。

最终还是要把需要的东西留下来供我和我的家人使用，把更安全更悠闲的空间留给家人，这才是最重要的啊。为了享受这种空间那么其中需要的手段就是“整理整顿”。因此，首先便是“下决心去整理”。

你说，孩子大了自然会整理好？

新婚的时候，家庭成员也少，家里的物品也少，家显得很干净吧。可是等到生孩子、育儿之后家里的东西就会日益增加。从这个时候开始，女人们就会渴望整理了。

虽然看着杂乱无章的家，想到可爱的孩子们，在这个时候会想到去整理。但是面对着简直就像被炮弹打中了一样的家，既烦闷又生气又不知该怎么办。虽然也尝试过去努力，但是连一天都不到又会变得很乱，于是就会开始在这种反复的日常生活中自暴自弃了。

在这种时候，周边的人会这样安慰说，“养孩子的家都是这样，有孩子的家如果干干净净的话更奇怪，不是吗？别担心，等孩子长大了，玩具也会慢慢变少，因此，也就自然而然地容易整理了。时间就是良药，我之前也是那样。”

这时候就会自己找借口了，家如果再大一些，再多出一个房间的话就会整理好了。

但是，真的是那样吗？孩子长大的话，东西就会一下子变少吗？这不过是一种错觉，是茫然的妄想而已。

随着孩子慢慢地长大，物品的个数和种类不仅仅不会变少，反而会根据年龄的变化，种类会跟着变化。滑板车、滑梯、玩具汽车、书籍，以及各种玩具和学习用品。再加上孩子们身材慢慢长大，会需要更大的体感空间。孩子小的话有小的情况，长大的话有长大的情况，但家不整理不行的理由始终都会有。

即使说家变大了也是一样，刚开始虽然好像有种豁然开朗的感觉，似乎管理得很干净，但是身体如果不养成整理习惯的话，那种状态不会保持多久的。长辈们说的一点也没错，家变宽敞的话会有更多的物品来填满。

我也是以前在小房子里生活的时候经常说，“不信的话搬家试试看啊，不管装饰还是整理我都可以做得很好”。就这样把整理稍微拖延了一下。但是那时我却忘记了，在那期间，我的孩子其实是在我“放弃的空间”里长大的事实。自身对“现在的空间”的认识很重要，这也是需要养成整理习惯的一个重要理由。

随着时间的流逝，只会积累更多的灰尘，绝对不会自然地变整洁。特别是孩子们的玩具整理起来不仅困难，而且就算整理了也维持不了多久就又变得很乱，这确实是辛苦的事。但是，妈妈们却偏偏喜欢从最难的入手，先整理零乱的玩具，因此，还没刚开始正式进入整理就放弃的情况才会很多。

这种情况下，就需要回过头来看清问题了，应该先从容易对付，整理起来简单的物品开始进行整顿，至于难整理的物品要按顺序排在后面。这样一来，不知不觉收纳实力就会慢慢提升，以后面对更困难的整理也会变得很轻松。

如果看过《21 天学习法》的话就会知道，要想养成一个好习惯的话，最少需要 21 天。如果把这个运用在整理上的话，把衣服挂在相应的位置也需要 21 次以上，这种习惯才会渗入到身体里去。还有《右脑和左脑的记录术》的作者坂户健司也说过，自己养成记录的习惯也确实足足花了有 20 年的时间。

请不要着急地下决心，还有，现在还不算晚。

"想过的"和"做过的"是不一样的

"仅仅是想的话，就算是多少次也能做到。"

自己的心已经算得上是专家了，身体却跟不上。然而，在心里想上数百遍的人和实实在在去实践一遍的人却有非常大的差别。我通过整理整顿带来的经验，对于那种差异可以说是非常了解。

结婚后认识一个很亲的姐姐，彼此的关系亲密无间，每逢换季的时候我们几乎都会异口同声地抱怨说，

"衣橱里的衣服这么多，难道就没有能穿的吗？我们去年的

这个时候都穿什么来着？又没有不穿衣服生活，怎么就没有什么衣服可穿呢。”这种时候总是会想着去一趟东大门或是去一趟百货商场，反复考虑着怎样买才更划算。

但是，就算是去购物，每次也总是会有同样的苦闷。仔细一想，比起穿的衣服，不穿的衣服好像更多。在上课的时候我也曾问过这样的问题，结果很多人却回答，即使拥有十条裤子，实际上真正穿的也就那么 2~3 条。

几年前，我就把不经常穿的衣服都扔了，并且下决心说以后只买自己喜欢的衣服穿。那个时候，姐姐也是和我一样的想法。不过，姐姐却说，从现在起不买了不就行了，有必要把家里的衣服那么白白丢掉吗？于是我还是决定丢掉那些衣服以后不再买，而姐姐则是留下那些衣服不再去买。

不过，从那以后，我改变了很多。就连我自己也不知从什么时候开始，就慢慢走向了聪明的消费者道路，那就是，买东西只买需要的。逐渐养成了，只要不是我喜欢的风格，即使再便宜也不会买的习惯。如果说当时我丢的那些衣服价值 30 万的话，在未来 40~50 年的生活过程中，省下来的钱比那要更多，甚至是无法比较的程度。

而姐姐从那以后当遇到超市里品牌牛仔裤促销只卖 29 元的时候还总是会打电话问我，“咦，平时超过 500 元的牛仔裤现在才卖 29 元呢，你打算怎么办？我替你也买一条怎么样？”而我当然不会买，姐姐则是像发横财了一样，把它买了回来。

但是，姐姐把衣服拿回家穿上一看，果然和百货商场里卖的截然不同，没有一个衣服的样子，说完就开始后悔了。想着换一件呢，又嫌来来回回浪费车费。扔了呢，看起来好好的衣服又舍不得。如果是孩子的衣服的话，等孩子长大了说不定还能穿，但大人的衣服不合适的话真的就没办法穿了，但直到自己证实这种说法为止，这件衣服还是挤进了衣柜里。就像这样，把那些不穿的衣服都挤在衣橱里，而自己每天要穿的衣服却被堆在外面的悲剧在不断地上演着。在此，我想估计还有很多人也存在着与这类似的情况吧。

下定决心整理并去实践的我和希望整理却不肯丢弃的姐姐。几年后，我变成了收纳专家，而姐姐就连现在也是，每逢搬家的时候就伤透了脑筋。

在同一个“点”上开始的两条直线，由于极小的差异导致它们各自延伸，尽管刚开始时的那种差异很微小，但随着直线慢慢伸长，就会明显的发现差异在慢慢变大。

思考与行动就是这种差异，那么，就请不要只想着‘那件衣服我不穿啊…，该整理了呢…’从而积累了更多的压力，一定要勇于去实践。

看到的并不是全部

邻居家谁的妈妈不仅会做饭，还懂得把家装饰得很漂亮，孩子教育得也好，真的是十全十美。而相比之下的我呢，好像没有一件值得炫耀的事情。

这种时候总是把自己看的无限小。但是，没有人从一开始就做得很好。虽然看起来很完美，但在此之前，那个人付出了多少努力呢？请考虑一下这一点。如果关于那份努力做详细讲诉的话，恐怕大部分人都会感叹道，“哎哟，我可做不到那样”口中这样说着，却只是会羡慕别人。不管怎样，当然不是说要像那些人一样做，但请不要忘了，任何事都会随着努力而改变。

我也是在新婚初的时候有过很多失误，那时，身边有一个绰号叫“长今”的朋友。尽管照顾着孩子仍然喜欢请朋友们来家里吃饭，还做点心给大家吃。对于我来说要费半天时间才能做好的事，朋友却那么容易就搞定了。

当时我就想，朋友肯定天生就有会做饭的才华，要么就是妈妈是全罗道的人吧。不管怎么说，其实就是想要为自己料理技术不好而找理由。但是，朋友的那种料理手艺并不是天生的，妈妈也不是全罗道的人。只有当打开她家的冰箱看的时候才会知道。所有材料都是修整的干干净净才放进冰箱，就连洋葱也是有切成块的，有切成长条的，根据各自的用途分开保管。另外有要融化的东西就把它们一分为二冷冻起来保管。这些叫人想不到的努力，朋友却坚持不懈地做着。

看着公司里做事能力强的人，别人通常都会说，那个人原本就是个有创意的人，所以才会那样。不过，显然那种人在工作时间以外，为了创意打下了很好的基础。就像白鹅优雅地漂浮在水面上，但是它的脚却在不停地在水下拨动着一样，这一点请铭记。

偶尔也会看到别人的家也并不是365天都那么干净。哪怕是身为专家的我也是如此。就像在杂志和电视里看到的那样，别人的家再怎么干净，也不是我自己的。也就像画中的饼一样不是吗?人们常说，羡慕的话就证明输了。这种时候丁若镛老师的一首名叫《赏花》的诗似乎可以带来一丝的安慰。

就算折下一百种花
也比不上我们家的花
并不是因为花的种类不同
只是因为那是我们家的花

聋6个月，哑6个月，瞎6个月

以前有句老话说，嫁到婆婆家之后就要像3年哑巴、3年聋子、3年瞎子那样生活。因为家风上的差异，要想熟悉并融入别人家的风俗不仅需要一定程度的时间去适应，而且还需要一定的忍耐力才能真正的成为那个家庭的一员。

尽管在现在的这个社会，人们会说，“这是什么话。”然而如果真的下决心去整理家的话，这句话是很有必要记在心里的。而对象则不是家族成员的婆婆，而是那些时不时对你的整理造成妨碍的所有人。也可以很遗憾地说，从丈夫和孩子开始，远的话到那些认识你的人为止。

估计很多人在下决心整理之前，都有过好几次从开始到放弃的反复过程。虽然失败的理由有可能是意志力薄弱，了解之后才发现，因为身边人们提出的建议及干涉而放弃的人竟意外的多。

“窄小的房间怎么整理还是看不出来感觉。”“整理又有什么用，只要丈夫的手一碰还不是回到原样。”“整理完一转身又被孩子们弄乱了，干嘛去浪费力气呢？就这样凑合过吧，我也是这样。”“这种程度就行了，还想怎么样？”“这些东西你想整理到什么时候？比起你整理的，估计弄乱的更多吧。”听见这些话的时候，感觉字字句句都很有道理是吧？没有一个人来帮我，只有我一个人有什么用，然后又该感到丝丝的悔意了。

但是，这些话只不过会使自己更容易陷进自我合理化的陷阱里去。不管怎么用心地去学习整理的技术和创意，如果自己不肯动手尝试的话，终究不会有任何意义。首先，如果真的下定了整理的决心的话，就要把身边的那些话都当做耳旁风才行。

说那些话的人里面会有几个是好好尝试过整理的人呢？又不是自己亲身经历的事，却装作好像自己经历过的那样劝别人的人其实比想象的更多。琐碎的唠叨只能被看做消磨时间的口舌之争，说不定自己反而会被自己说过的话给说服。

请按照自己制定的计划去执着地走下去吧。最起码也要做到 6 个月之内谁也不要问，谁的话也别听，一心一意的照自己的计划去试试看。就算在整理的过程中遇到困难，找找相关的知识也可以解决，如果连尝试都不愿意，却带着那么多的想法去开始，反而会在心理上觉得更难。短时期内，无论是从杂志还是网上看到那些漂亮房子的时候都要学会闭眼。不管是拿自己的房子去比较，还是想要从中获得创意，这样做只会让人更容易产生自暴自弃的念头。

要把精力集中在自己的家和自己的东西上，这样才会看到整理的希望。

就这样，像聋子、哑巴、瞎子一样熬完 6 个月的话，就会在某种程度上抓住重心，也会感觉产生了自信。于是也自然有了一定的收纳能力，家也会变得干干净净。

比起家，我的内心更乱

经常会听说这种苦闷，“家里乱糟糟的，虽然很多次我都想整理但又总是会放弃，家人的反应也不乐观，情况也不如意，因此产生了做也白做的想法，心里感觉不安也就不想再整理了。”

但是，有些时候，并不是因为不会整理，而是在那种不知如何整理的忧虑面前，没法去整理。比起乱糟糟的家，其实，内心更乱。因为那些想法所以才没法去整理，反过来又因为乱糟糟的家使内心更加的混乱，从而逐渐陷入了一种恶性循环中。

在我的博客里出现的内容中，这种情况还相当的多。或许这也是主妇们都经历过的那种苦痛吧。

“小小的房间里堆放着孩子的各种杂物，慢慢地几乎变成了仓库。现在只有一个孩子就已经这样了，别的妈妈带着两个、三个孩子怎么就做的那么好呢？看着乱糟糟的家，不仅觉得对不起孩子，也生自己的气。真的不知道为什么会这样。”

“每天孩子去上学的早晨就像打仗一样。想要找个什么东西结果却就是找不到，又因为着急，总是要买新的，到后来越来越难找了。难道是因为房间太乱了，孩子不能集中精力学习所以成绩才下降？家里乱糟糟的也没心思做饭，几乎每天都是买着吃。真的不想再承受这种整理的压力了。”

家在痛的话，女人的心也会痛。但是很多人却没有想到之所以会心乱正是因为缺少整理。仅仅认为自己不会整理而生气难过。

这种时候比较好的办法就是，不要先看树林而是先看树。记得曾经看过一个叫做《做人的条件》的广播节目里面，笑星许庆焕向前辈刘在石问过有没有抛弃压力生活的方法。那个时候刘在石说过的一段话让人印象很深刻。

那就是，“当我还是新人的时候真的感受到了很大压力。当时的压力也就是对未来的不安感，就那么一个。尽管一字一句地看剧本，但到后来录制的时候还是总出现失误。到后来才发现，正因为自己陷入了过分的忧虑中，所以才导致没能付出自己最大的努力，如果只知道担心从而产生压力的话，只会让眼前的机会白白溜走。所以，那时候比起担心我更重视练习。”他这样说。

现在我也想说同样的话，抓不住头绪的时候，或者是因为家里乱而心烦的时候，请立刻把心思集中在整理这一件事上。不要在其他地方瞎担心该怎么办，要把精力集中在眼前的整理这件事上来。只有这样才能自然地倾听自己的内心，也会将自己混乱的心慢慢变得轻松。

心情变得平和的话，家也将迎来整洁的美好时光。请不要犹豫到底应该先整理内心还是先整理家。对于女人来说，这两个问题是衔接的，所以需要下定决心去一起解决它们。

俗话说，能开始就是成功了一半，“下定决心去整理”就算只做到这点，也算达成了一半的目标。这也恰恰说明了“下决心并不是一件容易的事”，即使下定决心中途也可能选择放弃，所以一旦下决心以后就一定要坚持下去。加油！

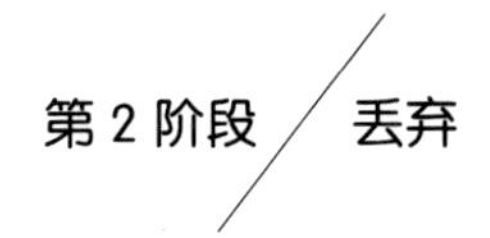

比起整理更重要的是丢弃

"衣橱也有，储物柜也有，但衣服却总是堆在地上。"

原本应该整整齐齐地摆放在衣橱里的衣服为什么总是会到外面来呢？细细观察就会发现，平时不怎么穿的衣服挤满了衣橱，因此，平时经常穿的衣服反而没有空间放，就被扔到了储物柜里、沙发上，还有地板上。简直就是一种本末倒置，需要用心管理的衣服反而没能好好对待。也正是因为如此，每次打开衣橱的时候才会不由自主地说没有衣服可以穿。

储物柜也是一样，叠好的衣服填满着整个抽屉的话，每次打开关闭柜子的时候都要用一只手去把衣服按一下才行，而这个时候也正是让人压力上升的时候。

不仅仅是衣服，别的东西也是，这样平时不怎么用的东西都被收进了一些地方，而经常使用的东西却乱放的情况很多。

在这种情况下，无条件地把所有东西都放进储物柜的做法是不可取的。想要不占用更多的空间的办法只有一个，那就是把那些用不到的东西全部都丢掉。衣服呢，打个比方，1 年以上不穿的衣服就要果断地丢掉或是另外收起来，确保把主要的空间给让出来。那么，下一步就是要将经常穿的衣服放入那个主要的空间。只有这样，衣橱外面才会干干净净。只需要几个衣架，丢掉一两套衣服，就能使经常穿的衣服拿放自如。仅仅是丢弃也能使物品得到整理正是这个意思。

大部分的收纳书里也都强调着丢弃的重要性。但是人们总是会认为比起丢弃，整理更重要。只是把焦点聚集焦了整理上，然后也就自然而然地忽略了“丢弃”这个关键词，结果只能是因为没有足够整理的空间，没法去好好地整理而感觉到累。

请不要忘了，只有物品减少了，整理的空间才会增加。

收纳就是华容道

在我小的时候，比较有人气的玩具之一就是华容道拼图，长宽都是 16 格的拼图板中有一格是空着的。

它是运用这一个空间把剩下的拼图碎片进行移动组合，从而完成图片的游戏。虽然刚开始，拼图碎片交织在一起看不出是什么图画，但经过一连串的移动，可以享受到图画被完整拼好的那个过程。

这个拼图的原理其实和整理的原理是一样的。把现在家里有的物品都干干净净地整理起来很难，就算说要去整理也是会有一定量的东西总是在外面，自然看不出整理的痕迹，保持起来也很难。

这种情况一旦反复就会经历一些挫折，“就算整理了也是没用”、“果然我整理的一点儿也不值得”等等。请把空出一格的拼图板当做家来想一下吧，那为了给移动留出余地而空出来的一格正是整理中的“丢弃”。

想要清理餐桌上面那些东西的话，就需要考虑把它们放到其他的什么地方去，但是如果所有的空间都满了的话，那就没有办法了吧。在剩余空间不足的情况下，只想着改变位置来达到临时方便，毕竟没有任何意义。

虽然人们都明白，学得越多就意味着知道的越多，但是反过来，就像考试一样，限定的考试范围越小也就意味着学的东西越少。所以说，学习与考试看来差不多，但彼此却是不一样的。收纳与整理也是如此，看起来似乎一样，但是却各有不同。

收纳是为了充分利用空间，整理好东西的顺序，从而容纳更多的东西。而整理整顿则是不断地问自己需要什么，把不需要的东西最小化，从而逐渐变成方便管理的状态。而现在我们需要的正是整理。

仅仅是丢弃也能使物品得到整理并不是一句多余的话。

并不是丢少点，
而是要合理地丢弃

如果感觉舍弃是一件难事的话，请想一下整理的目标。

要把那些平时用都不用的东西像主子一样供到什么时候呢，非但没有一丝用处，反而让自己和家人的生活拥挤不堪，什么时候才能减少这种不便去生活呢？到底是不用的东西重要呢，还是正在用的东西重要呢？

结论当然是，比起不用的东西，用的东西更加重要。而比起用着的东西，家人的舒适则更加的珍贵。所以说，才一定要去整理。

如果说大概整理的话，可以想成是整理好“物品的顺序”。但是，物品太多的话，就算是想整理也做不到啊。

“物品的个数”减少的话，管理也变得轻松，整理需要的时间、精力，以及压力都会减少。比方说，就像只有在肚子空空的时候才能吃下很多好吃的东西一样。但如果因为太好吃，又吃得太多的话，又会被撑着。

我做咨询顾问的时候也是一样，并不能说因为是我，所以手碰到的地方问题就都迎刃而解了。还是要和客户一起面对一个个的物品，一起决定丢还是不丢，这才是真正的咨询。通过舍弃可以确保留出一定的空间来放其他的东西。

不过在丢东西的时候，经常会出现这种情况，“哦，这个东西原来在这里啊”，很久都没有用过也没有找过的东西在这个时候被发现的情况有很多。每在这个时候总会说上一句，“这东西如果用在哪儿就好了”，在这个时候，就请不要去关心这件东西存在的理由了。如果想提高整理的效率，最好这样去想，“哎呀，这东西都多少年没用了”。

之前很久都没有用过的东西，以后还会用到的可能性几乎是没有的。如果之前就已经忘记了它的存在，也就不会有用它的想法，就算有什么地方用得到，没有它也无大碍。

在做讲义的过程中，如果强调整理整顿的第一个阶段就是“丢弃”的话，那个瞬间几乎大家都会赞同地点头。但是一回到家中，想到要自己亲手丢弃的时候，大家都会说这并不是一件容易的事。要丢些什么东西，怎么丢，完全不知道。

这个时候就需要在即将整理的物品中，把所有东西都聚集起来进行选择，这也是丢弃的一种方法。

比方说，打算整理短袖衬衫的话，就把所有的短袖衬衫都聚集到一个地方，只有这样，才能清楚地知道自己衣服的数量，只留下符合空间大小的部分，剩下的则丢掉。也许 3 个中丢弃 2 个会比较难，但是在 20 个中选择 2 个丢弃却很容易。

客户中有一个人特别喜欢白色衬衫，那个时候，在她的储物柜里、收纳盒子里，还有洗衣篮里收拾出来的白色衬衫全部找出来一看，她自己也不禁感叹起来，“原来我的白色衬衫这么多啊”，把她自己都惊呆了。这些衣服只有自己亲自仔细看才会发现，原来这些衣服中，有很多变形了的、变色的、起球的，还有一些看起来很好却不怎么穿的，这些衣服其实都可以果断地丢掉。

有时或许会想着可以把这些衣服留着不出门的时候穿，但是请不要忘记，即使现在看起来很不错的衣服，过一段时间也是会变成赶不上潮流的穿起来腻歪的旧衣服。

该扔的就扔掉，穿着让自己心里舒服的衣服，这样衣服也体现了它们应有的价值，不是吗？这也是为了节省空间使日后的整理更加轻松的一种方法。如今已经不是过去那个勒紧裤腰带生活的年代了。我们的目标不是丢少点，而是合理地去丢，把需要的空间给节省下来，这才是最紧迫的问题。

利用冰箱瘦身来丢弃
请学习生活的智慧

让我们来想一下整理冰箱的过程吧，用塑料袋包着的东西塞满了整个冷冻室，有时候都不知道什么东西放在了哪里，因此，放置很久的食材就面临着要丢掉的问题。

不久前，娘家父母搬家的时候，因为时间不合适，所以就把行李先交给了搬家公司保管，在我们家住了一个月左右，虽然搬家公司说可以给冰箱供电,但是这对里面的那些食物来说却不是什么好方法。

结果还是要保管在我们家的冰箱里，一个月的时间里，冰箱要保管着两家的食物，确实让人有些担心。尽管如此，好好的食物丢了怪可惜的，于是我们只能是努力地把它们全都吃掉。

妈妈和我都是一连两三个星期都没有去过菜市场，只把冰箱里的肉、鱼、蔬菜、饺子、年糕等，都拿出来吃。那样给冰箱瘦身的结果是，仅仅用一个冰箱就把两家的东西都保管得很好。

原本密密麻麻的东西现在减少了，即使只打开冰箱的门也能很清楚地看到冰箱里什么东西在什么地方，因为吃掉而减少的方法也算是一种自然的整理吧。

不仅仅是冰箱，家里的所有生活用品都一样，整理和丢弃并不是什么很难的事，丢弃的本身也就相当于整理了。

有一本叫《待人生过半时明白的那些事》的书，就讲述了关于试图放下人生担子的内容。

作者在旅行途中遇到了马萨伊族长，面对这位族长的一些提问，使作者自己回过头来思考着自己背包中的东西是否真的会使自己幸福，于是就重新整理了一下自己的背包，只戴上了一些必需品。尽管背包里的行李减少了很多但却丝毫没有感到任何的不便，反而因为变轻了的背包使整个旅行变得更加愉快，更加的幸福了。

人生也如同背包旅行一样，把重要的、必须的东西带好的话，会比自己选择的生活过得更幸福、更愉快。把头脑中的东西，内心里的东西，家里的东西全都减少之后，你会发现自己将迎来更轻松的生活。在丢弃那些不必要的东西的过程中，也将得到开始崭新生活的力量。

罪责感
妨碍丢弃

“这都是花钱买来的呢，就这么丢了能行吗？就这样丢了的话，感觉会受到惩罚一样。”

这是我在做咨询顾问的时候听到的最多的话，不过好在至今还没有听到过，白白扔了，感觉可惜的没法活了等类似的话。

以 30 平米的公寓为整理对象的话，通常会整理出 2 桶程度的垃圾。2 桶的话，就相当于 20 个 100 升的垃圾袋的程度吧。如果再加上丢弃的和分离回收的东西的话，装满两桶也就是瞬间的事。

仅仅只整理厨房里积攒的买粥时包装用的容器、买菜用的塑料袋、一次性勺子、筷子、吸管……这些东西瞬间就可以填满一个 100 升的垃圾袋。再加上被子、用不到的小型家电，那些东西的量也不容小觑。

事实上，妨碍丢弃的最大的障碍还不是物品，而是罪责感，在考虑扔还是不扔的时候，总会有一些记忆在头脑中纠缠着。如果这样想的话，那恐怕没有什么东西可以丢了。再加上，“怎么买了这么多没用的东西呢”、“本来认为自己精打细算地生活着呢，原来这么浪费啊”，这些后悔的感觉又怎么办呢？比起物品本身，把自身的不足好像也赤裸裸地显露了出来。不仅心里不平，而且还会对自己发火，陷入深深的自愧感中。于是，就把它们放到看不见的地方，不去理睬。所以，不仅仅是物品，就连内心里的那种想法也要一并丢掉。只有顺利地处理好这件事，往后的事情才更容易解决啊，也只有这样才能使自身经历一次蜕变。

正是在丢东西的过程中体验了后悔与痛苦，未来的日子里才会下决心只买用得到的东西。消费模式才会改变。结果通过丢弃也使自己变得更加的理智了。

觉得可惜而继续堆在那里的话，什么也改变不了。那只是暂时的回避罢了。丢弃的东西太多，心里虽然感觉不安，实际上丢完之后会发现自己的选择是正确的。通过丢弃而获得了空间，当整理完成的时候，你会有一种挣脱压力的感觉。

丢弃的标准是，比起保质期，首先是使用期

“不知道该丢什么东西该留什么东西，丢弃的标准应该放在哪里呢？每到丢弃的时候就会想着，暂时还能用得上呢……”

对啊，这样去计较的话，从小到大的物品，恐怕没有一个是用不上的。但是，从整理开始的那一刻起，就不要去看物品的用途，而是要考虑我现在是不是经常要用。只要明白了这一点，丢弃也就会变得很轻松了。

曾经有一家人在整理的时候竟然发现洗水槽下面的柜子里，竟然放着十一个盘子。一个个地拿出来看过之后才发现有用塑料制成的大中小套装、不锈钢制成的大中小套装，还有木质的大中小套装，这些盘子把整个柜子塞得满满的。

“这个呢是洗豆芽的时候用来滤水的，这个是用来放水果的，还有这个呢，是用来洗蔬菜的。”屋子的主人这样说道。听着这

些话感觉似乎每一件物品都有它的用处，但是，再仔细想一下的话，在放水果的盘子里放蔬菜和豆芽不也可以吗？这样的话，有一个就充分够用了。再加上塑料盘子用久了会容易积累厚厚的污垢，还会有斑点产生。

果不其然，她自己也说塑料盘子的感觉不好，也不容易清洗，所以就不经常用它。这样的话，这个塑料盘子的寿命也可以说是结束了。盘子整整齐齐地叠在一起，压在底下的又不容易拿，所以平时主要就是用上面的。结果，就只留下了最近买的不锈钢盘子和两个蒸器，其余的都丢掉了。就这样，洗水槽下面的柜子被整理得干干净净。

虽然丢东西的时候会感觉到有些可惜，但是比起干干净净整理之后的那种成就感，这种惋惜感很快就会消失。如果说食品有有效期限的话，那么物品也有使用期限。这跟使用过的物品的破损与否没有关系，是由现在是否还在使用决定的。

由于刮痕多而不再使用的锅，还有看起来挺好，但由于颜色不好看而被一直放在那里的碗，以及因为沾满了油污而不想去碰的平底锅……这些既没有破损，又没有裂痕，看起来很好的物品，难道它们的使用期都已经过了吗？虽然我们会这么想，但是说真的，只要是主人不再用的东西，就已经证明它们的使用期已经过了。

如果说非要用那个平底锅的话，现在立马就要把上面沾的油污给洗干净后再使用吧？明明不会这么做却还说，“总会有用到的时候吧”如果这样想的话，其实，对于那件物品来说是并不礼貌的。

丢弃的第一标准就是，不要看这件东西还能不能用，而是要看我现在是不是在用它。也就是说，丢弃的基准不应该是“物品”而应该是“我”。

在整理衣服的时候，看见忽然出现在眼前的衣服，“哦？这件衣服原来在这里啊。去年夏天一次也没有穿过呢，今年夏天一定要穿穿看。”说着就把衣服放进去了。但是，那件衣服不管是今年夏天还是明年夏天穿的概率都不会高。

请单纯地思考一下吧，自己不用的物品不管是丢弃还是施予他人，都是好的。

即便是再贵的名牌，不用的话也只能算是破烂儿

几年前，我在百货商场的文化中心里，讲过一堂以 VIP 会员为对象的收纳课。虽然同意去讲课，但是，真到了要讲课的时候内心又有些担心。

如果是百货商场里的 VIP 会员的话，消费金额与普通人肯定不一样，在生活水准上也会有很大的差异，比如说把衣架剪开改做成挂包用的架子，把塑料袋整理到球网里，这些事她们会关心吗？就算讲完之后会对她们有帮助吗？还有，让她们把那些不穿的衣服丢掉的话，她们真的会把几万元的衣服和包包丢了吗？要

怎么做才能引起共鸣呢？很多苦闷一时间都涌了上来。果然不出我所料，最后我收到了这样一个提问。

“请问，如果是老师您的话，几万元的香奈儿衣服说不穿就把它丢了，您会丢吗？

那个时候，我很深沉的思考了几秒钟，想这句话问的并不是“我会不会扔贵的衣服”而是“即使是香奈儿的衣服也要扔吗？”结果我这样回答了她，“对于拥有一套名牌衣服的人和拥有很多套名牌衣服的人来说，衣服有着不同的价值。也就是说，普通人整理衣服的时候，和拥有很多件名牌衣服的人整理衣服时候的基准应该是一样的，当然，把现在丢的衣服用钱来计算的话，对我来说肯定这不算是小数目。但是，如果考虑将日后不再买的这些衣服的钱加起来将会是更大的收益啊。”

前面也曾经说过，因为丢弃而换来日后在购物中节省下来的钱更多。

在做咨询的时候，曾经有客户一次性整理过很多名牌包，从未婚的时候开始，直到参加工作都一直挎着名牌包生活着，积攒下了很多。果然，对于那位客户来说，即便是名牌包由于不经常使用也一样被搁置着。长的有 10 年以上，短的话也有 1 年没有用过了。

不过尽管如此，终究是丢起来感觉可惜的“名牌”，经过一番心理斗争之后，就把它们全都拿出来卖给自己公司的同事们了。令人惊讶的是卖包赚来的钱都足够咨询费用了。钱就不说了，把自己不用的这些包卖给同事们的同时，自己也终于了解到了什么样尺寸与类型的包更适合自己。尽管包减少了，但那个女孩的心里却没有感到不足，反而感觉很充实。

也托那次整理的福，她的衣橱整理完之后也变得像百货商场的名牌专柜一样闪闪发光。其实，对于一个人来说，不管再怎么贵的名牌，在不需要的时候也只能称得上是一件破烂儿罢了。对于那位客户来说，这也是一次很重要的体验。

现在扔掉了，
万一以后再需要怎么办?

难以下决心丢弃的理由中，有一个就是因为担心将来会后悔。尽管因为用不上,现在把它扔了,但是以后万一又需要的话怎么办呢?

这种不安感对于每个人来说都有。当然，丢弃的 100 个物品中，也有可能存在那么 1~2 个再次用得上。但是也请想一下，就因为那 1~2 件东西舍不得丢，不想以后后悔，而导致整理无法继续，那些不需要的物品继续堆在一起，更加影响我们的生活效率啊。不要忘了，如果你舍不得丢弃那 1~2 件东西的话，相应的是，你选择了丢弃整个空间。

不要因为那一点微小的可能性就选择放弃甚至连开始都不敢，那种程度的失误是难免会犯的。因此就要轻松地看待这件事。毕竟这个世界上没有谁不失误。

就像小孩子开始学走路的时候，或是刚开始学习骑自行车的时候，有谁没有摔跤过呢？经历几次跌倒再站起来就会慢慢熟练那种感觉，随着时间的流逝，后来有多么地熟练大概每个人都很清楚吧。

丢弃也是一样，刚开始判断什么该丢什么不该丢是一件很难的事，又害怕丢了不该丢的东西以后会后悔。但是，也正是因为经历了一次次的失误，才会使我们以后出现失误的几率降低。

就请把那 100 个丢弃的物品当中的 1~2 个当成为了整理整顿而交的学费吧，那样想的话，也就不会有什么冤屈和后悔的了。

有句古语叫“因噎废食”，就算知道多少会经历一些困难，但是我们也要适当地学会去克服才行。即便是遇到丢弃之后又会用到的情况，也完全可以等到那个时候再去买一个新的。要有这种宽松的心态去面对才行。

有选择困难症的人们也是，慢慢地尝试丢弃之后会发现自己找回了信赖自己决定的那种自信感。不仅我是如此，之前见过的数不清的人们也是一样。

即便那样
也很难丢弃……

尽管当时是下了坚定的决心，但一到整理的时候很多人还是会舍不得丢弃。丢弃不下的原因并不是整理能力的问题，而是心理上放不下。

这种时候，请尝试一下不要把东西一次性丢掉，可以先把范围缩小，一天只丢掉几件就可以了。比如说，整理书的话，不要考虑整个书架，而是今天整理实用书，明天整理英语书，以这种方式去整理一段时间，分开丢弃就可以了。而我呢，通常会把整理出来的多余的书，一部分先在网上的二手书店买掉，另外一部分则是捐给图书馆。

捐给图书馆的书中如果有我没有读过的就会单独记下来，在我需要的时候再从图书馆借过来重新读。想着自己的书架都拓宽到了图书馆，不仅不觉得可惜，反而很欣慰。

书、衣服、鞋子、包、玩具，把各种物品进行分类，把范围缩小。在它们中间再次缩小范围，这样利用分开丢弃的方法都是十分适用的。

就像前面说过的，每次帮客户做咨询的时候，刚开始只是讲丢弃这个问题就要花好几天。第一天的作业布置下去后，第二天就会发现大家都出现了黑眼圈，原因竟然是因为担心明天还要丢弃很多，所以睡不着觉。

在丢弃的时候，还会带着可怜巴巴的目光，“丢掉吗？真的要丢掉吗？”这种时候就算内心十分的理解也会忍不住笑，那是因为知道她们在全部整理完之后，就会反过来说，“丢掉这些东西真的是太明智了。”

另外，在丢弃的时候定下某种计划也是很不错的选择，比如

“100 日丢弃计划”，也就是，一天丢 3 件，分 100 天丢完。

一次性丢弃 300 个的话，肯定会有些不忍心，但是如果一天只丢 3 个的话就不会有什么心理负担了。这样也感觉很困难的话，就拿着垃圾袋在家里转转吧。

一本书、一本练习本、一件衣服、只剩一点儿底的洗发露……这样一个一个地进行分离回收的话，就会慢慢地整理出一定的空间了。就这样，过完 100 天之后，家里就会因为丢弃的这 300 件东西而发生非常大的变化。

只不过，我们一定要注意的一点是，丢完 1 个之后，不要再买 3 个！不要忘了我们现在是在为了整理而丢弃的事实。怎么找也没有什么东西可丢的话，哪怕是塑料袋也要尝试去丢掉。去一趟超市就会带回来好几个塑料袋，把这些东西都找出来丢掉的话，也会节省出很多的空间啊。

不过在听我讲座的很多人中，真的有那么一位，连塑料袋都舍不得扔。于是我就让她不要犹豫只留下 5 个袋子，剩下的全都丢掉。没想到那位本来期待的是有什么把塑料袋给折叠小的方法，一听我说要把剩余的塑料袋丢掉就立刻发出了吃惊的目光。

不过在后来的讲座中，她就说了，“本来想着以后会用，所以才收集了那么多，丢完之后反而变得轻松了。就这样全都丢掉的话就可以了，为什么我却傻傻地把它们都留到了现在呢？”

还有一点，不是自己的东西就交给丈夫和孩子吧。因为不是自己的东西，不知道什么东西应该丢什么东西不该丢，不知所措的情况很多。这种时候，如果去问一下那件东西的主人就会很简单地分辨出什么东西该丢什么东西不该丢。

对于自己的东西，只有自己才能最清楚地判断出来。另外，不管对于谁来说都会有至少那么一件物品丢弃起来是很难的。把那些东西放在整理之后再处理也行，其他该丢的东西先丢，先做一下“热身运动”，这样一来以后在清理其他东西的时候就会变得很轻松了。虽然刚开始丢第一件东西的时候会感觉很难，但是到了丢第二件东西的时候就会稍微好一些，到了第十件的时候就会变得很轻松了。

都说能开始就是成功了一半嘛，其实这句话既蕴含着开始是一件很难的事，也说明一旦开始之后进度也就会越来越快。

娘家妈妈
不是友军而是敌军

对于女人们来说，大概都会认为娘家妈妈永远都是自己这一边的吧。从日常生活到育儿，娘家妈妈的帮助有多大，大家应该都会有同感的。

有一次在接受咨询的时候，去到一位客户的家里，正好赶上她的娘家妈妈也在。在我们整理的过程中，不仅帮忙照顾孩子，还说为了帮忙做泡菜，特意从别的地方赶来首尔的。托这位妈妈的福，在我们整理结束之后，美美地吃上了一顿午饭。但是，整理的过程却并不是那么轻松。每到有东西要丢掉的时候，这位妈妈就会来上一句。

“丢掉？那东西等到中秋节时候用不就行了，为什么要丢掉？”

“看起来还好好的东西为什么丢掉？放那儿，我带回家去。”

“这件东西你姨母用起来挺合适的，那件送给你的侄子正好。我先问问，你把东西放下。”

就这样，东西一个个地都被堆在了客厅里，用100升的垃圾袋足足装了3袋。本来这种时候，立即清理掉的话就会节省出很多的空间，但是，要想说服年迈的妈妈可真不是一件容易的事情。就算挑出来了几个丢掉，可还是腾不出空间来，使整理的难度加大了几倍。

就像这样，很多人在整理的时候都想得到妈妈的帮助，但是，面对丢弃这件事的时候，妈妈帮不上忙的情况更多。妈妈总是保持着把东西都留下的态度，即便不这样，在丢东西的时候，心里已经够矛盾的了，再加上妈妈的一句话，内心就会变得更加的动摇。于是，就算是决定要丢的东西也会在妈妈的劝说下，再次留下来，这种情况还是很多的。

当然，如果妈妈对于丢弃与整理上有独门见解的话，就不一样了。因为毕竟没有比妈妈更好的后援军了。但如果不是那样的话，与其请妈妈来帮忙，倒不如自己一个人一点一点慢慢整理的好。

其实，如果没有到接受咨询那种紧急程度的话，收起那些依靠别人的想法反而比较好，不管什么时候，做决定都应该是自己。

分享
并不一定只能用钱

“把自己要丢的东西给别人，是不是有点那个？”

丢弃大概可以有分享、捐赠和丢掉这几种方法。不能用的东西呢，就进行分离回收，能用的就分享给别人或者捐赠就行了。

就算物品本身自己并不怎么喜欢用，但当初买这这件东西的时候的那种好感还是有的，但现在那件物品被清理掉了又会不自觉地感到一股空虚感。但幸运的是如果捐赠或是分享给别人的话，那种空虚感就会被欣慰感给填满，而且因为填满那种空虚感，也就不会再陷入乱买东西的恶性循环中去。

不仅如此，分享还具有一定的教育意义呢，比如说，孩子们玩过的东西送给别人家的孩子的时候，不要在妈妈之间，而可以尝试着让孩子们亲自互相送礼物。这个时候就可以引导孩子写一些简单的纸条了。

“这是我以前很喜欢的东西哦，希望你也能够喜欢。”对于送礼物的孩子，妈妈当然也不能忘了对孩子说一些夸奖的话。这样的话，即使不去字字句句地对孩子讲分享的意义，孩子们也能自己体会到物品的珍贵，以及养成与伙伴们分享的好习惯。

利用跳蚤市场也是一种好的方法。我把那些孩子不用的东西，会让孩子自己在跳蚤市场中卖掉。把买这件东西时候的价格告诉孩子，然后告诉他拿到市场中可以卖多少钱。于是，当告诉他 10 000 元买来的笔记本在市场只能卖 1 000 元的话，这时候孩子就该不愿意了。

“这也太不值得了吧，卖这么便宜也行吗？”

“尽管如此也比买完不用放在那里落灰尘好吧？以后想买其他的笔记本和娃娃的时候就要想一下这个问题喽，懂吗？

“那我也不想卖的这么便宜。”

“那你说该怎么办呢？要不然就先把这个留着自己用，不再买其他的笔记本了怎么样？

这个时候孩子就要自己判断了，如果知道卖二手货的时候价格会掉多少，下次再买新的时候就会慎重考虑了。

通过跳蚤市场，孩子的消费习惯也慢慢变得好了。以前孩子如果被某个系列吸引的话，就会买那个系列的各种造型，10 个 10 个地买，根据流行种类不一样，把那些东西收集起来，在跳蚤市场里却只卖了 300 元。

但是用那些卖东西的钱，真的什么也买不到的事实，孩子自己也体会到了。刚开始的几次还想用这些钱买些什么送给隔壁家的小妹妹，于是用那些钱买过 100 元的橡皮筋，还有画片。但后来孩子自己也似乎明白了什么，即使有钱的时候也不再买那些东西了。

“本来是很贵的东西呢，但到了卖的时候却变得很便宜，这是一种损失啊，对吧？这些钱买一个冰淇淋就没了呢。”

妈妈每次说这些话的时候，孩子都会嫌妈妈啰嗦，但现在通过跳蚤市场，竟然从孩子自己的口中说了出来。看着这些，心里不由想到，原来不管是孩子还是大人，解决问题的方法都差不多啊。

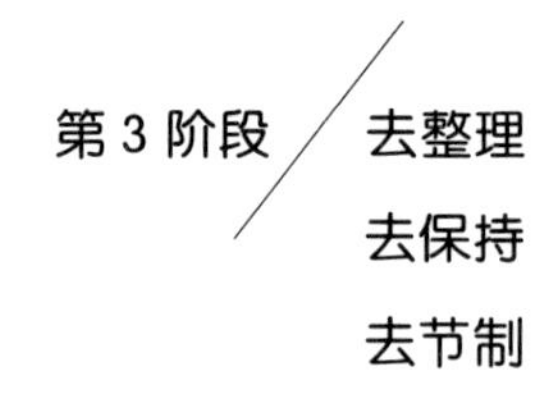

对于我们来说，
酒店和宾馆更方便的理由

在上收纳课的时候，我曾经提问过这样的问题，就是关于大家去酒店或者宾馆的时候是怎样的心情。于是，大家都会异口同声地回答“既方便又好”，当我问起为什么方便时大概会有以下几点有代表性的回答。

“没有多余的东西，都是一些必需品。”

“不像家里有那么杂七杂八的东西。”

“因为不打扫也行啊。”

“不知是空间大还是什么原因，感觉很清爽很敞亮。”

对啊，不管是去酒店还是宾馆，都会感到那种身心的愉悦，正是因为那里有干净整洁的环境啊。不仅仅是物品还有家具都没有一件是多余的。所以空间也显得很单纯。待在那种空间里感觉身体和内心都得到了释放。

难道那种感觉在家里就不可能吗？在家里也同样能做出相似的感觉。

之所以在做咨询的时候把重点集中在丢弃上也正是这个理由。第一次与客户见面的时候很多客户大致会这么说，“由于收纳空间不足，整理起来真的好累啊。”“本来打算再买一个储物柜呢，想先问问再决定，一直等到了现在。”“不管是衣橱还是储物柜，都要买新的吗？”

但是，到现在为止，在向我咨询的 100 多个家庭中，购置新收纳家具的只有两家而已。大部分家庭并不是因为收纳空间不足才没能整理好，真正理由反而是与空间对比，家具和物品太多了。

实际上，我在做 26 平米房间咨询的时候，说收纳空间不足的客户，在他们家的厨房里丢过 6 个三格收纳之后不仅空间变得宽敞了，而且还整理得干干净净。

酒店还有宾馆里也有那种很小的家具啊，和家里一样，各个空间只要有实用的家具就足够了。这里说的实用性指的并不是像客厅、卧室、偏房那种形式构造，而是在那个空间里主要发挥作用，有详细而具体用处的家具。

就以孩子住的房间来作为例子吧，孩子的房间主要是供孩子休息、学习、换衣服的地方，童话书还有收音机可以放在客厅里供孩子使用，以这种思路可以具体地针对孩子的兴趣来制定适合他们的格局。

如果这样计划的话，孩子的房间里没有童话书也没有关系，代替的是，在客厅要有童话书才行，那么书桌也当然要在客厅里喽，结果孩子的房间里就只剩下床、储物柜，以及足够放教科书和笔记本的书架，其实有以上这些就够了。要抛弃那种孩子用的东西都要在孩子屋里的那种想法。另外，对于暂时还很小的孩子，玩具基本就是它们的全部，所以也没有必要想着“孩子马上就要上学了”就提前把书桌摆在他们的房间里。要以各个空间里最主要的活动为中心来计划，把家具最大程度减少才行。到了孩子长大了真正需要书桌的时候，再把玩具都给清理出去。

像这样灵活地运用空间，就能总保持一个新鲜、干净整洁的氛围。

请用行动去证明
空间不是头脑里想出来的

“要做成像宾馆一样的家吗？话说起来是很简单，但是，那也需要家先说得过去才行吧。最少也要 20~30 平米的条件下才能保持住那种状态吧，勉勉强强 18 平米的房子家当往哪里放？”

那是当然啊，不过就算如此，也不能就那样撒手不管吧。请不要总茫然地想着“家太小，这也不行，那也不行”。首先，空间小的这个问题自己比谁都清楚吧，在现实中认清自己的空间才是最重要的。

总把别人的家和理想的空间作为基准来要求的话，心里肯定会产生压力和对现实生活的不满。举一个例子，30 平米的房子，厨房里即使放 5 个平底锅也可以放得下，但对于 18 平米房子的厨房来说，肯定是不行的。18平米的房间里放2个的话是最好的，内心虽然有30平米，但现实却是18平米，要清楚地认识到这一点，把目标定得低一些才行。

几年前，在我这里做过咨询的一个家里只有15平米，家当也不是那么多，但由于走廊与厨房是连接的构造，空间太小又非常复杂，冰箱与洗水槽下面的柜子都不能同时打开。家一小就连不怎么大的衣架都显得那么大。

"虽然想在大一点的家里生活，但家庭情况不是很好。尽管有人会说，这么小的家还花钱去做什么整理咨询，但如果再不整理的话，感觉都活不下去了。下班后回到家陪孩子玩一会儿做饭，吃完饭之后哄孩子睡觉，到我洗漱完准备睡觉的时候已经是晚上10点11点了。这样看来，虽然总想着要把那些东西挪一下，身体却不听使唤。我连这个程度都做不到，还能做什么呢？就这样浑浑噩噩地活着吗？我想哪怕是能把家里整理好一点，也能减轻一些自己的压力，给自己活下去的勇气。"

这个女人虽然知道自己的家很小，但具体是什么程度连她自己也很混乱，所以，在整理衣服的时候，她把家里的衣橱和储物柜都一一打开给我看，我告诉她，只需要留下这里面能放得下的东西就行了。

丈夫的衣服、毛衣和短袖衬衫，以这种分类方式来整理完抽屉之后，抽屉正好能装下的部分才是最适合这个家的。直到那个时候，她仿佛才真正地体验到了自己家的大小。

"因为家只有15平，所以才感觉不能放太多的家具，却没有想到要根据物品的多少来调节才是真正的方法。总想着要拥有很多，但却不知自己已经拥有了很多。”

大部分人都是这样。虽然明白自己的家很小，但想明白自己究竟要带着多少东西去生活却不是一件容易的事。对于空间的认识不要仅仅停留在规模是 20 平米还是 30 平米上，不要单纯的想着自己的家很小，而是要明白在这个 15 平米的单元房里可以有一字型的洗水槽，辅助阳台下还可以有一个小柜子，等等，清楚地了解家里的每个角落与构造。这样的话，才会对自己的家中物品有一种新的认识。

请使用和自己的能力
相对应的整理标准

有时候，知道的东西太多也叫病，在做整理整顿的时候也是这样。想做整理的时候首先会参考很多模范的事例，以及查看不计其数的室内设计博客和杂志上介绍的漂亮房子。

当然，有些东西确实可以起到一定的帮助，但这些东西对于第一次挑战整理的人来说，并不一定会有用。以杂志上出现的家为基准去整理的话，反而会变得更难。

刚开始就把基准值定得很高，进度变得缓慢，就会慢慢地丧失原有的激情。眼前不能很快地看见成果，当然会感觉很累。家毕竟不是陈列馆啊，不像杂志上空间是静止的。

跟某某邻居的家，或是哪个朋友的家比较也是禁止的。

在做咨询的时候，见过很多人，但每个人整理的水准都不同。即便是在相同的情况下，叠着相同的衣服，有些人能够掌握好角度叠的没有空隙，但有些人则不知道哪儿是哪儿，叠起来很不自然。

把衣服放进抽屉的时候也是，有的人可以放得整整齐齐、漂漂亮亮，而有的人则是放得歪歪斜斜。但是，对于那些第一次下决心整理的人来说，哪怕仅仅学到一种新的方法来叠衣服也是一件值得拍手的事情。至少不会像以前那样，不管哪里随手一扔，或是把衣服堆在一起。就算是叠得有点乱，也会比较轻松地用手将其放回原位。

关于如何整理冰箱里的蔬菜，一般是利用收纳篮。在冰箱里放入收纳篮，一侧放上菠菜、豆芽、蘑菇等成熟了的这类蔬菜，另外一侧则放上萝卜、南瓜、洋葱之类硬硬的蔬菜，把它们分类放就行了。

这个时候，有些人会按照我讲的方法只做了简单分类，还有一部分人则不用教就会自己在收纳篮里再加上一些隔板，连这种细节都做得很到位。当然，如果在收纳篮里再加上隔板来整理的话，可以说没有比这更好的方法了。但是，尽管如此，也不能把两种类型的人放在一起比较。因为每个人的性格都是不同的，整理的水准也不一样。刚开始呢，只要对自己的整理结果满意就足够了。

自己的水准与风格其实自己最了解。在仔细分析自己的兴趣与倾向之后就要抓住自己心目中的那个目标去不断地整理并保持才行。只有这样才不会停止。

在这一点上，整理和学习其实没有什么不同，一个平时对学习不感兴趣的孩子，突然有一天要求他“一定要考 90 分”的话，这就跟对他说“不要学习了”的效果是一样的。

就像要从基础问题开始，仔细地揣摩基本的道理才能进一步地过渡到深入问题是一样的。整理整顿也是需要反复多次尝试才能发挥出自己的实力。但是，如果每次去整理的内容，不仅费时久而且感觉疲累的话，慢慢地自己也会不想再继续的。

恰当的整理标准也就是说，要和自己的能力看齐来进行整理。虽然没有完美的收纳，但有对于自己来说能做到“充分的收纳”，保持使自己感觉舒适，而且不受压力的困扰的程度就可以了。当然，这个标准还是自己。

请从自己的东西开始整理

“玩具总是很乱，孩子的房间根本没法整理。”

但是，家里就仅仅只有玩具很乱吗？估计仅仅是因为玩具更加的显眼才会这么说的吧。

就像一说到整理的时候，人们总是想从自己家中最令人头疼的部分开始进行。但是，在这种情况下整理的话，大多会以失败告终。更何况，孩子的玩具整理起来还比较的棘手，很多人不知道该怎么办，因此一再的推迟的情况也比较多。即便是整理了，只要孩子的手一摸瞬间就会哗啦啦的乱成一片。

“那么费尽心思地去整理又有什么用，孩子和丈夫一经过就立马变回了原样，现在都不想再去整理了。”

就像这样经历几次反复之后，就会感觉整理已经失去了味道。所以重要的不是“如何去整理”而是“如何去保持”，最好的方法就是，首先从自己的东西开始整理。

不是孩子也不是丈夫的东西，而是自己经常使用的厨房用品、衣服、包包、饰品等，请首先整理那些只有自己才用得到的东西吧。这样的话，在判断该丢什么东西该留什么东西的时候也会变得简单而轻松。整理一遍之后也不会有人去碰，所以保持起来也比较容易。再加上是自己的东西，也会经常留意去看。

放内衣和袜子的抽屉基本上每天都会打开看吧，每次看见干净整洁的抽屉都会有这种想法，“还真的保持得不错嘛，整理好了，找起来也变得很方便”，因此心情也自然跟着变好了。把这种通过整理而得到的愉悦感都装进心里的话，则会形成更多积极的正能量。也就自然产生了继续整理其他地方的念头。

最大的收获还是在整理自己东西的时候学到的那些技巧，那些技巧很快就能在其他的空间，以及其他物品中得以运用。这样一来整理的时候也就更轻松了一点。另外也没有必要去对家人字字句句地啰嗦了。

请从一格抽屉开始

“哎呦～这些东西什么时候才能整理完啊？根本就看不见尽头。”看着自家的屋子，首先开始叹气的话，还没有开始就已经丧失斗志了，还怎么去整理呢？会感觉整理起来很难的理由之中，有一点就是因为把整个房子都一起考虑到了。连一次都没有整理过的房子，就想用一天的时间把一切都整理好的话，任谁都会感觉累的。整理的时候，有必要把一天内要整理的预期值降到最低，从一开始到最后都要循序渐进才行。

不要把房子整体看成一个，而应试着去分解。比如说，这个月整理卧室，这周先整理卧室里的储物柜，然后今天就先从储物柜中最上面的那一格开始整理。还有就是，决定好要整理衣服的话，第一天就只把不穿的衣服给丢掉，第二天就只叠衣服，或是第一天只整理内裤，第二天只整理袜子，第三天只整理短袖，这样下决心去整理，一天只投入 30 分钟，设定一个自己能完成的物品作为目标。空间和物品都划分开来整理的话，效果很快就能看得见。

客户在前来做咨询访问的第一天，大部分会说这样的话，“我们家真的能整理好吗？”

当然，虽然告诉她们能够整理好，但总归是会半信半疑那么一阵子。可是当把短袖衬衫叠好放进抽屉里，整理完一格抽屉之后大家都会说，“短袖衬衫真的整理好了呢。”然后，连裤子一起整理完的话，储物柜的整理也就基本结束了。

还有在整理内衣的时候会这样说，“哦。原来整理内衣没有想象的那么难啊。”就那样一天一天地看着自己整理完的物品，自己也就渐渐地明白了，“啊，原来这就叫整理啊。”

即便是一格抽屉，假如丢弃和整理同时做起来感觉吃力的话，那就先找一天把认为是该丢的东西挑出来丢掉，以此结束那一天的任务。至于整理的计划还是做得轻松一些比较好。

请这样尝试一个月看看吧，会发现比之前的空间多出30%的。

不过还有一点就是，在时间上有必要规划得具体一些。不是大概在上午的时候，而是“早晨看新闻的时候，或者是在听广播的时候”以这种形式去定时间才不会拖延。

俗话说，不要只看眼前的树，而是要看整片森林，对于管理郁郁葱葱的森林来说，要会用宽阔的视野去看待这一点对于管理来说非常重要。当你站在一望无际的平原上的时候，只有一棵棵地去种，一棵一棵地去照顾，才会让它们长成一片森林。

一天种一棵树，很快就会变成森林了，撒手不管的话，小树苗们终究不会变成森林的。就像登山的时候也不要只看着顶峰一样，要看着自己的脚下，看着眼下的步伐一步步走才行。只有这样去走才会在某个瞬间感觉到，“原来我已经登上这么高了。”然后鼓起勇气继续前行。

这些道理在整理上也一样用得到。整理的时候，就像在一棵一棵地种树，又像在一步一步地登山，让今天整理的一格抽屉或一个隔板也变得那样有意义，并充分地去享受它们。

这样试试整理孩子的东西

就像在前面说过的，孩子的东西整理起来是一个特别艰难的物品。在妈妈看来已经不玩了的玩具，孩子就是不肯丢掉，孩子耍赖的话，更是无话可说。但是放在那里不管的话呢，看着乱乱的又会让人烦心。另外，玩具的种类原来就很多，大小也更是多种多样，经常不断地整理放弃再整理，不知什么时候一些小的零件被吸进吸尘器里又会生气地对孩子发脾气。

在这种时候，往往给孩子机会自己去整理的话，问题反而会很容易被解决。

我曾经整理过一个满是玩具和模型非常多的家庭，整个房间都被积木模型充斥着，就连小小的书架上也堆满了组合玩具。

玩具的种类和数量都太多，可以说到了连大人用眼睛都分辨不出有多少种的程度。感觉一次性整理起来很困难，于是就选择了先整理女儿的房间。但是，儿子却一直在留意着我们整理女儿房间的过程，看起来内心很警戒很不安。原来儿子是一个很讨厌别人动自己玩具的孩子。在整理的过程中，尽管是去了学校里还是会担心地总往家里打电话，孩子在的时候几乎碰都不敢碰他的玩具。所以趁孩子不在的时候，就把书桌和房间整体都重新布局一下，那些组合玩具都分别放进了收纳篮里。无敌金刚系列、金银岛系列、星球大作战系列，等等都一一区分开来，就像展示馆一样地整理了一遍。

不出所料，放学回来的孩子一脸不高兴的样子冲进了自己的房间。

先看看有没有少什么东西，有没有什么东西被弄坏了，孩子在仔细地确认着自己的玩具，从孩子的行动中不难看出孩子的性格很与众不同。就这样看了好大一会，孩子的情绪似乎慢慢平静了下来，于是便来到了我的跟前，问他最近新买的玩具放在哪里比较合适。

所以，我就把整理的标准告诉了他，说把它们按照系列来分类就可以了。不过我又问了他，如果想像这样整理得很漂亮的话，那些不玩的玩具就需要丢掉或者是单独放在一起，问他愿不愿意。

就在那天下午，孩子就把仓库里堆着的玩具都拿了出来，把需要丢的和要送给谁的都一个个地分好了类。在此期间，妈妈曾经花费很大心思都没能解决的问题竟然瞬间就被解决掉了，看到这种情况妈妈很是惊讶。

孩子还自己制定了带朋友来家里玩的计划，其实他之前很想叫自己的朋友到家里来，然后炫耀自己堆的积木，以及陪朋友们一起玩自己的玩具。刚开始对整理有警惕心理的孩子，后来却变成了连送客人出门都很有礼貌的孩子。

孩子呢，对什么物品的感情多，对什么物品的感情少，只有他们自己知道，所以说，在整理孩子房间的时候，最终是要理解孩子的内心。另外就是，比起整理其他房间，要整理孩子房间的话，不管是在时间上，还是空间上，都要给孩子留有更多的余地。

空间上的余地可以在整理的过程中确保。举个例子来说，把叠好的衣服放进储物柜的时候，如果把间隔变小一些的话，原本能够放进 8 件衣服的空间就能够容纳 10 件，在这种状态下，如果是大人的话，虽然在拿衣服的时候可以避免把旁边的衣服给弄乱，但孩子就不一样了。

在抽出一件衣服的时候，经常会出现其他的衣服也被带出来的情况，这种时候，有些妈妈总会怪孩子笨，请妈妈们一定不要这样。

孩子们认为原来不是这样的，出现那种情况反而很有可能要怪妈妈把衣服整理得太紧密了。

把孩子的衣服放进储物柜的时候，为了不让孩子在拿衣服的时候把旁边的衣服弄乱，衣服与衣服之间的空隙一定要留的宽一些。以这种方式，在孩子的房间整理任何东西的时候都要记得留出比大人多出 20% 的余地是最好的。

在时间上的余地呢，在他们完全适应这种整理状态之前，要给他们充分的时间去适应就可以了。

对于孩子来说，某一天自己的房间突然产生了很大的变化，他们有可能不会像妈妈那样喜欢。物品不在原来的位置上，他们会感到陌生，如果妈妈总是要求保持这种状态的话，反而会给孩子带来很大的压力。

如果担心孩子不能很快适应的话，那就把一周作为一个间隔，今天整理书桌的笔记类，一周以后是参考书，再过一周则是美术用品，就以这样的方式，阶段性地整理吧。

经过一星期的生活，孩子就会慢慢的适应变化的生活，“啊，彩笔旁边是蜡笔，小刀和剪刀原来在彩纸旁边。”这也证明孩子慢慢学会了保持那种整理的状态。自然也就养成了整理的好习惯。

POWER TIP

“孩子如果也像我一样，不会整理地生活的话该怎么办呢？我不会整理，但不希望我的孩子也像我一样。”

在众多担心自己不会整理的人之中，其实有很大一部分人都担心自己的习惯会不会延续给下一代。从结论开始说的话，整理习惯并不是与生俱来的，而是经过自己后天的不断努力与学习创造出来的。其实看看我也能知道整理习惯是后天创造出来的。就连娘家妈妈也有了变化。刚开始妈妈看着我用折衣板来叠衣服的时候还说太麻烦，自己根本做不到呢。但是后来妈妈只当开玩笑尝试了一两次，没想到现在妈妈也用起折衣板来叠衣服，然后又整整齐齐地放进衣橱里。要想改变数十年已经融入自己身体里的习惯，并不像话说得那么容易。但正因为改变之后感觉到比之前更方便、更舒适所以才会慢慢变成了一种新的习惯。整理的习惯并不是从很小开始就要学习得很精通，它只需要模仿看到的、记住的技巧去做。所以，只要愿意从现在开始，从自身开始，就不会晚。

维持整理过的状态
也需要时间

即便是大人们，对于整理的状态也需要用眼睛，用身体去适应一段时间。每当说起这句话的时候，总会让我想起一位有着模范事例的朋友，那是当我对于整理的理解还不是那么深的时候认识的一位朋友。她当时正很辛苦地养着 3 个孩子，1 个 6 岁，1 个 4 岁，还有 1 个只有 1 岁。

当时那位朋友为了照顾 3 个孩子根本无暇去收拾屋子。有一次去她们家做客的时候，阳台上足足有将近 100 个衣架在挂着。但尽管如此，也不能说那位朋友对生活不关心，有时候她来我们家玩的时候也会经常问我一些问题。

“这个是怎么整理的啊？这东西在哪里买的呀？”虽然也有单纯的好奇心驱使，但是更多的能感觉到在她的内心里，也有想把自己的家整理得干干净净的想法。于是我从心里也在悄悄地考虑着要帮那位朋友。但是，实施并没有想象的那样顺利，从开始丢弃就变得很艰难。

还没有习惯丢弃的朋友总是说感觉会受到惩罚，不断地犹豫，通常就是把决定丢弃的东西放在那里，然后又觉得可惜，再放回原位，如此反复着。再加上要照顾孩子们，整理的时候也无法集中精力。所以我们就改变了原本的计划，试着换其他的方法。

于是，第一天我只向朋友讲述了关于洗水槽顶柜和餐具沥水架的使用方法。

“盘子要这样竖着放，杯子也要按正确的方向摆放才行，烹饪台本来就很窄，做料理的时候很挤，如果不那样的话会更麻烦，应该放在烹饪台上的东西不要挪到餐桌上去，那样餐桌会变得很乱。在这一周之内不要管其他的地方，先把这个状态好好保持住。也不是很困难，应该可以做到吧？”

过了一周以后，我再次去了她的家里，看到朋友对那一块儿保持的很好。一周之内，朋友在整理厨房的过程中逐渐明白了我为什么要让她那样做。刚开始的时候，由于比较生疏，感觉很不方便，但是经过几次尝试之后便发现了只有这样做才能保持有效地利用空间。

后来我们就以这种方式，每周只进行一项整理课程。几周过后，厨房就整理出来了，并且整理厨房的方法就像指南一样渗入身体里，使之后再整理其他空间的时候也变得轻松了很多。而后那位朋友又搬过好几次家，但仍然能把家整理得很好。

尽管整理很重要，但刚开始整理完之后，也需要一定的时间去适应整理之后的状态。就像改变体质是一样，需要慢慢去改变养成已久的习惯。

自己全部大包大揽的话，每天都像在原地踏步

大家都认为整理都是主妇的份儿吧，因此，感觉自己的生活就像轮子上的小仓鼠在不停地奔跑，反复循环的日常生活不禁让人在很多时候会长叹一口气。“一边是整理的人，一边是弄乱的人”如果这样去形容的话，会显得有些啰嗦。就算整理是主妇们的事，但要想保持住整理之后的状态，还是少不了家族成员的协助。只有努力让家人也一起养成整理的习惯才能保持住整理的状态。

可问题是不管丈夫还是孩子们的帮助总会不那么的称心如意。即使用过的东西放回原位看起来也不满意，就算说要帮忙也靠不住的感觉，结果还是需要经过自己的手。曾经不止一次地说，“哎呦，不满意，还不如我自己做。”

这种时候一定要忍耐，就算是感觉不满意，可以在家人不在的时候再整理一次就是了，千万不要当着他们的面去指责，这样是不对的。这种时候可以说是，比起“鞭子”，更需要的是“胡萝卜”。

如果给他们“鞭子”的话，他们会想，“做了又有什么用，反正妈妈也不满意，就让妈妈自己去整理算了。”结果所有事情原封不动地回到了自己的手上。可能一辈子都是这样。

在家人养成整理的习惯之前，一定要给他们充分的时间去练习，要有足够的耐心去等待。另外比起想着使唤谁的思想，请尝试着去想“他们是陪我一起做”。就算是同样的话语也会有不同

的感觉，对于说话的人来说，会产生等待别人的忍耐心，而对于听到的人来说，则会有想要跟着去做的欲望。

在我们家里，约定了每周有一天是由孩子们来刷碗。孩子们在小的时候仅仅是因为好奇心开始的，刚开始的时候真的很糟糕。洗完碗后可以看见从洗水槽到地上都是湿淋淋的一片，就连碗是否洗干净了都让人怀疑。但是，尽管孩子们笨手笨脚，但是经过反复之后会发现他们慢慢做得越来越好了。已经上了中学的孩子们，现在的手艺已经相当的好，就和大人没什么区别。

而且丈夫现在也很好地养成了自己整理衣服的习惯。刚开始让他叠衣服的时候完全是大小不一，也不按照我教的方法叠。所以叠衣服的事全由我来做，只是叫他把衣服放进柜子里。不过在放衣服的时候，丈夫还是很厉害的，经过很多次之后，丈夫也慢慢知道了什么衣服该放在什么地方，于是也就不在要求我为他找衣服了。

尽管都是一些小事，但很多时候在日常生活中却意外地起到了很大的作用。更好的是，终于可以从“只有我自己在做”中解脱了。

紧接着，我又教给了孩子们放衣服的方法。“在放袜子的时候，分隔栏不足的情况下，1 个栏里放 2 个也行。”“放衬衫的时候，叠着的那一面要放在上面让人看得见才行，这样会显得很整齐。”尽管费了一些时间，但我认为比起我一个人辛辛苦苦地去整理，这也算是一个好办法。在此期间，丈夫和孩子们的技术也都相当熟练，基本都能帮上自己的忙了。请不要自己去放弃接受家人的帮助，就算过程很辛苦，但有了家人的帮助，那些辛苦都会像冰雪融化一样消失不见的。

只要开始就成功了一半，首先请尝试做 5 分钟

其实，比起那些因为不懂才做不好的人，什么都懂得，却因为嫌麻烦，不想动才不做的人更多。每当要整理家的时候，虽然也知道这样会使自己的内心变得很轻松，但就是因为自己懒散的身体而不肯帮忙。“昨天整理过了，今天真的不想再整理了。”

该丢些什么呢，该怎么放呢，要用收纳篮吗，用衣架做一个试试？到昨天为止还感觉很有趣呢，今天有可能就不想再去弄了。也不是因为没有时间，仅仅因为不想做才不做的情况恐怕更多吧。

在这种日子里，不要考虑前后，只需试着下决心去做 5 分钟。如果做完 5 分钟之后仍然感觉不想做的话，那就不要迟疑，让这一天就这么过去吧。就像平时我们偶尔也有不想做饭的时候一样，这种时候我们通常会想出去吃，但犹豫了一下又想简单用饭配泡菜吃。在把米下锅之后，做饭的期间，又想简单的煮个汤什么的。在这个过程中又把冰箱里的泡菜和小菜拿出来，于是原本不想做的晚饭就这样自然而然地完成了。虽然是看起来很麻烦的事，但只要开始去做的话，就会产生继续做下去的念头。

首先，一旦拿起之后再想说“我不想做了”也不是那么容易。

比如说，储物柜上面堆的衣服看起来不顺眼，有时候我们干脆不伸手去整理的时候比较多。而在那种时候，正需要去试着叠一下其中的5个，假如说叠完5个之后就只剩下2个了，于是心里就会想，“反正就剩2个了，干脆一起叠完得了。”就算是我，难道365天都能在整理中得到愉悦感吗？很多时候我也只不过是运用这样的方法来渡过那些想休息、想拖延的日子罢了。

记得曾经在某本书里看到过一个叫“5分钟效果”的词。不管是学习还是做什么事情的时候，刚开始的5分钟很重要，一定要集中精力去做。真的不想做的那一天，或是一段时间，试一试仅仅投入5分钟吧。只要开始的话，1栏抽屉，1个盒子，整理起来都会比想象的更轻松。

稍微，再稍微！
挑战整理的零界点吧

有时候尽管很努力地做了，但也没感觉有什么变化，说不定还反而变得更乱了。“都已经做了这么多了，怎么不见起色呢？”这种疑心就渐渐的涌上了心头。在这种时候请再继续坚持一下，这并不是没有灵魂的安慰，真的再加一把劲的话，“啊，原来这样做整理就完成了”这种苦尽甘来的瞬间一定会到来。

在整理整顿上似乎也有零界点的存在，请试着想一下烧水的

时候吧。50 度，70 度，90 度，再到 99.9 度。原本很安静的水就在变成 100 度的那一个瞬间一下子就开了。但是，如果在 90 度附近的时候把火关掉的话，那么水也就再也不可能会开了。

就像这样，尽管整理了一段时间还是感觉没有一点成效，也不知道什么时候才是结尾，但其实，事实上，那些东倒西歪的东西已经被整理得井井有条了，而遗憾的是，在那一瞬间来临之前，很多人却已经放弃了。

在做整理咨询的时候也有过这种情况，做一次咨询普通是进行 1 周左右，客户们大部分都在刚开始的 2~3 天里在心理上感觉很不安，因为，在那几天里，家可能比之前变得更乱了。

要挪家具的时候需要先把家具里的东西都拿出来，因此家里也就大乱起来。站在花钱整理的客户立场上来想的话，“我的家到底能整理好吗”这种不安的心理自然少不了的。

虽然一天中客户会有好几次带着不放心的语气问我，她们家能不能整理好，但是，等到该丢的东西都丢掉，该整理的物品都各归各位的时候，她们看到空间有了余地，并且也亲眼见证了整理之前的杂乱与整理之后的整洁，她们就像重新看到希望一样开心。其实，只要不放弃，不管是谁都会迎来整理完成的那一美好的瞬间。

马尔科姆·格拉德威尔的一本畅销书《局外人》中引用过“一万小时法则”，简单地说，讲的是在自己的领域里努力 10000 个小时的话，无论是谁都能成为专家的意思。

10 000 个小时按每天 3 个小时计算的话，要持续 10 年才能做到。但是，更加引人注目的则是练习 10 000 个小时的人与练习

“每天都在唠叨着试试看。”

“说要做呢，但总是三天打鱼两天晒网。”

每当我在讲座上与那些主妇们见面的时候，真的听到过很多这样的话。那种时候我反而会鼓励她们去“三天打鱼两天晒网”，毕竟比起不去尝试的人，这种方法要好得多。不过，代替的是，每周都要这样坚持下去才行，如果感觉有些乱的话，那么从下个星期开始再继续就是了。还有一个方法就是，每次整理东西的时候都固定在 3 天以内，不是说这周要整理厨房了，而是这周里的 3 天要整理厨房的抽屉。第一天是筷子盒，第二天是盘子，第三天则要整理锅了。以这种方式每周做 3 天的话，即使“三天打鱼两天晒网”也一样能完成任务。

7 000~8 000 个小时的人有着非常大的差异。乍一看，7 000~8 000 个小时也是相当多的时间。

如果不是作为自己的职业来做的话，当然没有必要在整理整顿上投资 10 000 个小时。就算一天投资 30 分钟在整理上，经历 6 个月之后，家和生活都会发生很大的变化。

而我则认为这就是整理整顿的临界点，只要战胜了这个时间的话，不管是谁在身体和心灵上都会收获到“收纳能力”。不管怎么说，坚持不懈的努力是最重要的。尽管以相同的状态去整理，6 个月期间一直不断去整理的人和只坚持了 1 个月或者 3 ~ 4 个月的人所收获的结果一定是不同的。前者的生活也会跟着改变，但后者则只是改变了家而已。就像练习了 10 000 个小时的人与练习 7 000~8 000 个小时的人那种差异一样。说不定现在的您也像快要烧开了的水一样，所以说，加油吧，再坚持一下。

早晨的 30 分钟！
即使讨厌做的时候也需要做想象训练

到了这个时候，接下来就会有很多人开始问了，真的一天只需要 30 分钟就够吗？对，真的是那样的，这是可以做到的事情。不过，在我们身体最佳状态的时候去整理的话，效果当然会更好。

孩子们去幼儿园或学校之后的早晨 30 分钟是最好的黄金时

段。稀里糊涂的很快就到了下午，孩子们回来的时候给他们准备点心，然后再准备晚饭，一天就这样过去了。特别在不想整理的时候，感觉整理起来非常难的时候，整理的东西很多的时候，拖延的心就开始复苏了吧。这种时候如果选择在夜里整理的话，就会感觉 30 分钟变得很长。

“午间 30 分”那个时段如果有一定要看的节目的话，那就请边看边做吧。这样的话，结束之后仿佛今天完成了目标会有一定的成就感。另外就是请不要因为偶尔整理得很顺利就去熬夜。那一天虽然很顺利，但第二天会感觉很累，这样的话就很难保持住整理的状态了。

尽管如此，肯定也会有不想整理的时候吧。那种时候，不要想着“今天就休息一天吧”，而是要在脑袋中想象一下整理完之后家的样子。

在做整理咨询的时候，客户们大部分在刚开始都很担心“到底能整理好吗”，但当一个空间整理出来之后就像雨过天晴一样的变了心情。就像这样，当一个空间被整理出来的时候，那种爽快感，那种自由感，那种舒适感，想象一下其他的空间被整理出来的那种感觉吧。如果没有那种体验的话，可以把范围再缩小一些。“就连一个小小的抽屉被整理好之后都变得这么方便，那么其他的空间也整理好的话该有多舒适啊”“洗水槽上方，客厅的电视桌，床前的桌子上，如果什么都没有的话怎么样呢？”这样想象的话，接下来要做什么事就会在脑袋里描绘出来。

事实上，如果没有经过自己的手去亲自尝试的话，想象起来也不是那么容易的事。不过，只要从第一个开始做的话，就会变得非常容易。并且直到一个抽屉整理完之前，其他的物品都不要碰。就是说，在卧室里整理袜子的时候，突然想起来孩子的衣服没有整理，于是就去孩子的房间整理孩子的衣服，那是不行的。

范围可以抓的小一些，但是一旦开始了的话，对于那个部分一定要好好完成才行。只有这样，关于下一个空间的想象才能更加的具体。在一本名叫《在输中取得胜利的关系法》的书中，曾经提到过关于彩排训练的问题，通过想象对于训练有着很大的效果。这个事实已经在体育运动这个领域得到了认证。

把足球选手们分为三个小组，1 组每天练习 20 分钟的射门，2 组则是在脑海中想象射门，3 组呢，什么都不做。就这样过了三周之后再调查了一下他们射门能力的改进情况，虽然什么都没做的 3 组当然在射门能力上没有什么改善，但是只靠想象射门的 2 组射门能力却与实际练习的 1 组出现了相似的结果。

尽管只在脑海中想象着运动的动作，但却与实际身体运动的结果一样，因为它们都刺激了大脑的反应。网球明星克里斯·埃弗特和高尔夫明星杰克·尼克劳斯都在运用着这样的意向训练。

所以，请在整理的时候也积极地运用一下这种方法吧。看着没有整理的书架，想象着整整齐齐竖着放的书籍，不知什么时候，自己的手也会那样竖着把书整理成心中想象的样子。之前曾说过，在整理习惯养成之前，绝对不要看着别人家的屋子去比较吧？不过以自己家空间的一部分作为参考而形成的美好想象却是很好的办法。

首先要做的
并不是购买收纳工具

在听完收纳课后，大家大概都是这样一个表现，“啊哈，所以说，只要有收纳篮就行了啊。”就好像之前只是因为缺少收纳工具才没能整理一样，有一种想要立刻跑到超市里买工具的气势。再加上，最近各式各样的收纳工具都不知道有多少，连卖收纳工具的网店也有了，网站也有了，到处都是与收纳相关的新产品。

尽管如此，主妇们为什么还会感觉收纳很难呢？因为根源问题并不是因为缺少收纳工具，而是需要整理的物品太多了。如果不先把那些多余的物品给丢掉的话，说不定那些收纳工具反过来变成多余物品的可能性更大。原本把该丢的东西丢完之后，自己亲自整理的时候可以计算出需要几个收纳篮，但是首先就去超市买收纳工具的话，往往会因为按耐不住内心的兴奋而一下子买回来很多个，这种情况经常会出现。

结果整理完之后用不完的收纳篮就变成了杂物。所以说，收纳工具要等第一阶段“丢弃”结束之后再买才行。

在丢掉该丢的东西之后，要注意观察家里还剩下哪些东西，还要记录一下需要的收纳工具。

不这样做的话，只把注意力集中在收纳工具上，很有可能让自己的家变得更复杂。特别是收纳箱（又名多功能储物盒），这是最容易造成失误的一件物品。看着网上宣传的收纳箱，瞬间就会有心动的感觉吧。想着只要有几个大大的收纳箱的话，衣橱里堆着的衣服就能轻松地解决，我们家也能像广告里那样干净整洁了。

但是，哪里会如此简单呢？本来想把裤子和衬衫漂漂亮亮地放进箱子里，当箱子收到之后才发现太深了，一大半空间都被剩了下来。想放两排呢，发现下面那一层拿起来很不方便。再加上衣柜也和广告上面的不一样，箱子并不是正好放进去。这个时候，期待反而变成了失望，收纳箱反而成了一块心病。

在现实生活中，这种现象我见过很多。甚至还有连邮局的箱子都没有打开，就那样在餐桌下面放了一年半的情况呢。每到春天都说要整理，所以买了十几个收纳箱，却一直都没有用过，就连她自己也说，还不如用买收纳箱的钱去做整理咨询呢，那肯定比现在这样好。

“看广告的时候感觉挺好的，买的时候还以为自己能够做得很好呢，但真正等到自己用的时候却发现尺寸不对，退货的话又嫌麻烦，结果一直拖着就成了现在这个样子。”

估计很多人都会有这么一次经历。用眼睛看起来感觉大概可以放进去，结果只因为那么几英尺的差异导致无法放进去。那到底什么时候又该怎么样去选择收纳工具才行呢？

首先要知道收纳工具用来收纳哪些东西要放在哪里，弄明白这些东西之后再买也不迟。

“装衬衫的箱子高度矮一点就好了，游泳圈和泳衣等这些夏天玩水的用品要一次性保存的话，放在深一点的箱子里比较好。这个隔板上需要一个小收纳篮，洗衣机上需要一个更大的收纳篮……”

像这样，以这种方式去确定好尺寸与个数的话，基本上是不会失误的。另外从时间、空间和费用这些层面上来说，也更加地有效率。

整理的问题并不能只靠收纳工具来解决，现在的这一个瞬间，就被那些收纳工具诱惑着的话，首先要从那些不需要的物品开始丢掉，然后再重新思考自己的需求。即使根据个人的想法，可能现在感觉不买的话就会后悔，但即使买了也有可能变成根本用不上的东西，还是会后悔。

不要被免费给迷惑

要想把自己努力整理过的成果好好保持下去的话，需要合理的消费和节制。特别要小心“免费”。想象一下去超市的时候吧，看见那种“买一送一”大容量产品的时候，我们的心通常会变得很软弱。

例如，看见咖啡旁边写着买咖啡送大口杯，于是想都不想就拎着一箱咖啡回去了。其实也没有什么特别的地方会用到那种大口杯，只是因为它是免费送的，感觉好像不买的话就受到什么损失一样，于是就买下了。

但是，等回到家的时候，那个杯子又暂时用不到，于是就被放到洗水槽的柜子里或是其他地方了。从那个瞬间开始，那个杯子就沦落成了用不到的杂物。也不知道什么时候才能用到，于是也舍不得给别人，又舍不得丢掉。把那些东西都堆到一个地方的话，整个家也就从那个地方开始慢慢“坍塌”了。

以前在做咨询的时候，曾经有一家的厨房到处堆得跟山似得，放着 6 大筒卫生纸，还有各种各样的免费赠品。就只是卫生巾就囤了足足 200 个，洗碗巾和各种东西都混在一起，把本来很宽敞的空间一下子变得十分窄小。其实，她说这些东西只是在超市开张的时候，每次去超市买东西都会带回来一些，慢慢的就成了这个情况。

像这样，买完大容量的产品之后，虽然当时看起来像是节省了，但是，想象一下像食用类的产品，在保质期之内吃不完，最终还是要丢掉。这样看来，这并不是一笔便宜的交易。

即使是放很长时间也没有问题的生活必需品也是一样，因为堆的太多了，本来应该节省着使用的东西也变得浪费起来用了。另外在那期间这些东西还占用了家里的很多空间。

尽管是一些琐碎的东西，但是也要买那些自己真正喜欢而且真正需要的东西。所以说，通过整理得到的收获中有一项就是学会正确地认识自己的需求。

在丢弃与整理的这个过程中，渐渐就会认清一些问题，“这种东西不适合我”、“原来之前我总是买一些相似的东西啊”。也认清了自己真正需要的东西与不足的地方。真的买了自己想要的东西的话，和那件东西相似的东西也自然就不想买了。结果，在费用和空间的层面上，这反倒是一种获益。

请互助收纳

“本来刚开始感觉家里的角落都给别人看的话，会很不好意思，很有负担。但是，当把这些整理完之后，就感觉如此轻松的感觉为什么之前就没有过呢，通过整理收获到的东西真的比想象得更多。”

这是好不容易从以前来咨询过的客户口中听到的话。其实也不是家里要装修，却花钱把自己的生活都敞开给别人看，当然会让人产生很多方面的顾虑。

但是，效果却是超乎想象的，大家都去做整理咨询的话，虽然很好，但不论是时间还是费用上，这都不是一件可以忽略的小事。这种时候，我要推荐的方法就是“互助收纳”了。

以前听过讲座的一位女士，她妹妹的家里做过整理咨询，另外妹妹家整理的时候，三个姐妹都在留心地观察着，最后她们就互助着把各自的家都整理好了。

即便不是兄弟姐们也没有关系，一个小区或者住得近的几户人家聚在一起的话，也是可以办到的。住在一个公寓的三四户人家聚在一起的话也是一个不错的选择。

这种情况下，因为房屋的构造都差不多，所以整理起来也能互相参考。在为该不该丢掉的东西坐下发愁的时候，大家一起去选择然后再丢掉的话，效果会好上好几倍。

聚在一起叠袜子，叠衬衫，本来要花一天时间去解决的问题，一两个小时就解决了。杂乱的抽屉被整理得井井有条，这种效果瞬间就可以看得见。

就这样，整理完第一家的衣服，再去整理第二家、第三家的衣服，接下来再整理厨房和客厅，孩子的房间，按照顺序一点点地扩大范围。这样做的话，叠第一家衣服的时候和叠第二家第三家衣服的时候会慢慢感觉到自己的手法变得越来越熟练了。

还有一个好处就是不那么容易再拖延了。一个人整理的时候总会感觉麻烦而去拖延。但是，像这样一起下决定的话，不是那么轻易就能拖延的，会慢慢地形成强大的约束力与集中力。

在不知道该把东西放在什么地方的时候，比起一个人，把几个人的想法都汇集在一起的话，就能很轻易地找到解决的办法。不管怎么说，和那些贴心的朋友在一起聊着天，分享着相似的生活经历，以及一些烦心的事，对于整理也会产生一定的力量。自己的家被整理好了，感觉很好，另外通过整理其他朋友的家也学得到了很多的技巧,几个人聚在一起也不会觉得无聊，反而很愉快，咨询的费用也节省了下来，还交到了互相帮助的朋友……互助收纳的好处还真是很多，关键是半途而废的几率也会大大减小。

请尝试着去找一下周边与自己有相同苦闷的朋友吧，虽然刚开始要把自己零乱的家展现给别人看确实有些不好意思，但是最终你会发现，整理完之后的那种喜悦，比起任何的投资都更有价值。

如果感觉每天聚会比较困难的话，每周固定选择一天用来整理也是可以的。互助收纳可以按周来实行整理模式，这也是比较有效果的一种方式。这个时候重要的就是不要在中途放弃。另外就是，一起聚会的人如果对整理一点都不会就直接开始的话，那将会很浪费时间，而且会感到很累。一起去附近的百货商场、文化中心听一听讲座或者是读一些与收纳相关的书之后再开始是最好的。

请积极利用邀请和聚会

“在心里早就整理了一百遍了，连计划都订好了。就是不想动……”

我也体验过那种感觉，这种时候我总是自己给自己制造紧急状况。主动要求别人来自己家里。就算是家里再怎么乱，如果有别人要来自己家里做客的话，即便是挤时间也会把眼前看起来很乱的东西给整理一下，这种心理是值得利用的。

想一下吧，在婆婆家的长辈们要来家里做客的几个小时前，客人们即将来家里做客，截止时间迫在眉睫的时候，就如同在做重要发表的前一天，那种发挥力与集中力有多么的强大，我想大家一定都体验过。

客人来之前就开始把注意力集中在了打扫和整理上了。从早晨开始堆的碗，到那些丢的到处都是的换洗衣物，原本很乱的家，瞬间就变得干净整洁了许多。等到客人来的时候就都已经整理好了。就像这样，在迫在眉睫的时候，将会产生与平时不同的爆发力、集中力和速度。

所以，在不想整理的时候，能够促使我们去做的方法就是邀请别人来自己的家里做客。自己来制定截止时间。曾经有人向曾经的企业家，现在是政治人物的安哲秀问过这样一句话，“那么多的事情要到什么时候才能处理完呢？”而他的回答则是，“首先，要约定好日期。”如果约定好事情到什么时候做好的话，就算为了遵守那一项约定也会集中精力去做的。

在孩子们还小的时候，我也是一天天的不知道自己在做些什么，感觉心里很累。就在这种日子里忽然有一天，感觉到如果继续这样下去的话，整个生活都要塌陷了，于是就下了决心，每个月至少请朋友到家里来做客 2 次以上。估计大家都会认为家里养着兄妹俩再加上请朋友来家里聚会肯定是一件很不可思议的事情吧，但是，尽管自己心里再怎么不想动，一想到第二天朋友们就要来了，就连冰箱我一个人都能挪得动。在很短的时间里因为这种强迫效应，甚至连累都不知道了。

看着整理过后的家，朋友们肯定要每人说上一句喽。“你把家收拾得真干净啊。”“养着两个孩子怎么还能把家收拾得这么整洁呢？好羡慕啊。”真幸运能受到这样的夸奖，这些话也给了我更多的力量。像这样整理完几次之后，保持起来也变得很容易，就算再有客人来了也没有多大的负担了。

而最近感觉自己想偷懒的时候则会主要邀请公公、婆婆来家里，在接受咨询的时候我也经常向客户们推荐这种方法。特别是在整理冰箱的时候，可以尝试着叫一下邻居的妈妈们。不过，要注意的是，既不要请那些不会整理的，也不能请那些整理技术很高的。如果请她们过来的话，估计不会有什么帮助。如果那些与自己格调不符的人，她们会感到很大的负担，渐渐的下次也就不愿意再来了，相反，请那些不会整理的人来的话，也就感受不到整理的必要性了。

根据自己的需要，不要只是见一个人，而是要见那些见面之后会产生愉悦感的人，互相不仅保持着友好的关系，而且还会有一些紧张感，这样的话是最好的。

懂得拜托也是一种智慧

“丈夫不仅不帮忙照看孩子还总是在旁边啰嗦，我只能等把孩子们都哄好了才能去整理，真的很让人生气。”

“孩子们好不容易哄睡着了，才开始去整理，那种委屈与孤独，让人心里堵得慌，不住地流眼泪。心想如果整理完的话，肯定能好好保持下去，但身边没有一个人帮忙。”

“丈夫总是嘲笑我整理完又保持不住，还整理它干什么，连我自己都不知道为什么要这样费心地活着。”

“根本就不指望有人帮忙，能把自己换下的衣服挂起来就不错了，但却总爱是把脱完的衣服随手一扔，真是让人讨厌死了。这样的丈夫要怎样训练才行啊？”

虽然是大家一起住的家，但却总是感觉只有自己一个人在忙活，像这样感觉委屈打不起精神的时候很多吧。本来下了很大的决心去整理的，因为孩子还小所以感觉到累，有时候则感觉家务活都是自己的任务，自己该做的事情没能做好，又会遭丈夫的眼色。所以，还有很多妻子感觉向丈夫求助是一件很困难的事。

但是，越是这样越要堂堂正正地向丈夫去寻求帮助才行。不过，也并不是向丈夫提出一些不着边际的帮助，而是在时间上、空间上、界线上都要明确地去拜托才行。“今天我要整理一下这个抽屉，你帮忙看 30 分钟的孩子，这能做到吧？”，“我想把袜子都叠一下再放进去，虽然现在有点乱，你先忍一下。”就像这样，具体地去说明。

不能因为累就去埋怨或责备丈夫。

“我又没叫你整理东西，仅仅让你把用过的东西放回原位，这么简单的事都做不好？你知道因为你，我每天都有多累吗？”听完这些话，谁的心情都不会好。

“我都已经整理好了，换下的衣服就挂在这里不行吗？”不要再责备与埋怨，而是要以真正想要获得帮助的态度去打动他人的心才行。

如果是和公公婆婆一起生活的家

“我的家都不像我的家，像母亲的家。”

“就像是在整理公婆家一样，婆婆很不喜欢丢弃东西，于是几乎都是过着不整理的生活，非但如此还向我发火，说我不该丢东西，看着这个乱乱的家真的让人透不过来气。而且一想到都是因为婆婆才会这样，关系也就越来越疏远。”

在我的博客里留言的人当中，很多和公婆在一起住的人都在吐露着自己经受的那些整理的压力。到婆家生活的情况，婆婆们通常对自己生活的习惯意识比较强，媳妇则想着这里是婆婆的家，于是也就对家没有热爱的感觉，自然也就不会产生想去整理的心。

在这种时候，首先不要想着在婆婆面前去做什么大规模的整理，而是要发挥自己的智慧才行。

我认识的一位朋友，想把婆婆用了很久的塑料杯给换一下，但是又不是那么容易启齿，因为她也知道，婆婆肯定会说好好的杯子为什么要换。结果在挑完一个比较满意的杯子回去后，就跟婆婆撒谎说这是在活动中抽奖抽到的杯子，于是就轻松地解决了这件问题。就那样，瞒过了婆婆一次，却总觉得有些对不起，于是在其他事情上大部分也就遵从婆婆的意思去做。尽管如此，在这里并不是要教大家说谎话，意思是说需要根据情况来制定方案的智慧，这样才能够避免婆媳之间的冲突。

之前在做咨询的时候曾经遇到过这种情况，一对夫妻先是单独生活了一段时间之后又搬回了婆家住。两个家庭合在了一起生活，地下室和阳台到处都堆满了的家当真的不是一般的规模。适应了原本简便的生活，突然生活环境变得复杂了，自然也就没有了整理的念头，职场儿媳妇虽然对婆婆的厨房很不满意，但却没法说出口，因为在整理方面存在着很大的意见分歧，所以婆媳关系也出现了很大的矛盾。

因为担心和婆婆间的矛盾所引起的余波会影响到孩子，而各种不好的情况又不断出现，原本很喜欢厨房的儿媳妇也不再敢管厨房的事了，所以就只做了关于孩子房间的整理咨询。

刚开始做整理的时候，婆婆自然是各种反对与不满，说不该浪费钱，不应该这么做。不过万幸的是在整理孩子房间的过程中，儿媳妇的内心也变得轻松了许多，于是就想着去帮助婆婆，还说有机会的话会跟婆婆好好沟通一下。婆婆看着整理完之后孙子的房间，对丢弃与整理也渐渐的有了新的认识，不再那么排斥了。

我看着那种情景不禁感叹，原来家族问题是可以在整理空间的过程中寻找到答案啊。

不仅如此，我们还要学会“以史为鉴”，虽然总喊着要整理，但自己平日里是否真正的注意了打扫和消费，正如事例中的这位儿媳妇，她的化妆品可算是相当的多，绝对超出了自己的需要。

虽然儿媳妇总是说因为婆婆才没法整理，但是婆婆却有可能会这样想儿媳，“好歹也是职场挣钱的人，怎么这么不知道节省呢？”

要想说服这样的婆婆，首先在自己的空间问题上就要做到干净整洁才行。不管再怎么对婆婆说整理完之后空间就大了，但在婆婆的立场上，能够想象得到吗？反而有可能会说“你少买点东西就赶上了，还去丢什么，还想再买吗？” 这样一句话呢。

要想改变上年纪长辈的心靠的不是一两句话，而是一个过程。

我也在结婚初期的时候，曾见到过婆婆因为用了很久变色了的杯子而苦闷的样子。要我说，丢掉的话正好，而婆婆却想向我询问把印记除去的方法然后继续使用。我呢，首先就在网上搜了一下，告诉给了婆婆好几种方法。有把牛奶放进杯子里煮的方法，还有倒食醋的方法，结果试完那些方法之后，婆婆最终还是决定把它给丢掉了。

如果当初直接说让她把杯子丢掉的话，她肯定不会丢，反而是把方法告诉给她之后，她通过尝试后自己说服了自己。站在儿媳的立场上，肯定不想那么费事，但是站在婆婆的立场上，相比突如其来的改变，更容易接受像这种缓慢的改变。

送给职场妈妈们的
高效整理建议

我也是在工作到很晚的时候，才能真正体会到那些职场妈妈的苦衷，在外面忙完筋疲力尽地回到家里，就连打开吸尘器的力气都没有，更没时间做饭的情况可以说不计其数。

如果有人在家做好饭该多好，就算帮忙把地打扫了也好啊，只帮忙整理一下也好啊，帮忙检查一下孩子的作业也……这种想法不断地在职场妈妈的心里出现吧。虽然有些是因为不知道才没去做，但有时候有些事情明明知道却一直堆在那里不去做的情况也很多。而那些家务事很容易被拖延到周末。

但是，就算到了周末，难道就认为很清闲吗，拖了一周的衣服要洗，还要去市场买菜，赶上红白喜事还要去送礼，不管怎样还要吃饭，还要洗明天想要穿的衣服。但是，相比其他事情来说，整理当然不是那么着急的事情。就算推迟到下周再做也不会出什么大问题，按照紧急程度来说，当然会被推迟到最后面。所以，在这里我想告诉职场妈妈们一些秘诀。那就是利用好零碎时间和收纳工具。

首先，打扫就利用零碎时间吧，我也是从外面回来的时候，身体就感觉无比沉重，即使看见地板上有很多灰尘也不想去拿吸尘器来打扫，所以，在忙的时候，我就把吸尘器插座插好放在鞋柜旁边直接出门了，于是每次等我回来的同时就可以边推着吸尘器边走进客厅里了。一边打扫完客厅，然后又进入卧室把外套脱掉挂好，就这样把卧室打扫完之后又出来把再把厨房给打扫一遍也就完成了打扫任务。因为大家都知道，从外面回来的时候，一旦坐下就不想再起来，所以以这种方法在下班回来之后简单地把家里给打扫一遍还是很不错的。

孩子们的房间有时候会让他们自己去整理，也可以今天打扫客厅卧室和厨房，明天打扫孩子们的房间这种方式分离开去整理，就很容易解决了。

还有浴室的打扫也可以利用零碎时间，比如说，在香皂盒下面放上抹布，这样每次在刷牙的时候就可以随时把洗面台和镜子给擦洗一下。还有在洗澡的时候还可以把淋浴玻璃和墙壁都一起擦一下。虽然花一天的时间去打扫浴室并不是一件普通的事，但是像这样，好好利用零碎时间简简单单地擦一下的话，周末的时候只擦地板和马桶就可以全部解决了。这样的话会不会感觉轻松了很多呢。

照这样做的话，周末的打扫任务也就不再是什么大的负担了。好好地利用自己家里的家电产品也是一种好的解决方法，会使自己打扫起来轻松许多。一般吸尘器、机器人吸尘器、针织物专用除尘器、洗碗碟机，这些便利的工具有很多。但是我们买完机器人吸尘器却不用，洗碗碟机也是因刚开始好奇才买来试试，用了几次就放在那里不用了，针织物专用除尘器呢，也是因为别人都说好才买来用的，买完之后也是放在那里很久都不用。不仅如此，“如果不去上班的话，呆在家里，等到天气好的时候把衣服也洗洗，那该多好……”我们经常会这样想。

尽管把工具拿出来启动这件事情是有些麻烦，但如果好好地去使用，让它们在自己的手中熟练之后，真的可以为我们节省很多的时间和体力。

还有一点就是，其中非常有用的工具就是收纳篮。

"我在整理上真的已经很努力了，可就是没有整理过的样子。"

如果要具体地问该如何打扫的话，那么就是把整理和打扫弄混淆了。如果说打扫就是把什么东西变得很干净的话，那么整理则是抓住物品的秩序。说要打扫房间的时候，把地上的东西先收拾起来，把地板上的灰尘擦干净，就叫打扫，没错，这只是打扫。可是，在打扫的过程中，把其他物品挪来挪去的那些时刻就不再是单纯地打扫了。相反，如果没能很好地抓住每个物品应当放置的位置，那当然也不能叫做整理，但是，这却被很多人误以为是整理。

在基本的整理没有完成之前，要想做到边打扫边整理是很不容易的，在这种时候，应该要把打扫和整理分开想才可以。比如说，在打扫洗水槽下面的柜子之前，要先把里面的东西给整理一下才行。该丢的丢掉，以自己使用起来的方便程度为标准进行整理，之后再打扫，这才是正确的方法。把东西整理到一定程度的话，即便是打扫和整理同时进行也会收到很好的效果。因为一边打扫另一边只需把物品放回原位，如此一来就可以把整理和打扫一次性都解决了。尽管认为自己已经很努力地整理了仍然感觉不到任何意义的话，那就有必要自我检查一下，自己是否只是做到了打扫，而不是整理。

让我们来想象一下叠衣服吧，虽然坐在客厅里把家人的衣服都叠好了，但要把这些叠好的衣服分别拿到各个房间里放起来也感觉有些麻烦吧。两只手拿着衣服，这个房间那个房间来回跑，这样不仅很复杂，而且精心叠好的衣服还有可能被再次弄乱。这种时候就可以用到大大的收纳篮了。

提着篮子一次性就可以把这些问题都解决掉，非常的方便。比如像我们家的洗衣机旁边有衣服干燥台和辅助洗水槽，在那里就可以叠衣服， 所以我总是在洗衣机上面放两个空收纳篮。衣服叠好之后就可以直接把孩子的衣服和大人的衣服分开放进两个收纳篮里，接下来就可以提着篮子去各个房间把衣服放进衣柜里了。在客厅里叠衣服的时候也一样，好好利用篮子的话将会节省更多的时间和体力。

不过，在洗衣机上面放的一定要是空的收纳篮才行。这个收纳篮在打扫的时候也是非常有用的，本来应该在孩子房间里的玩具却跑到了客厅里，本应在卧室里的东西却跑到了其他地方的时候，要想一个一个地把它们放回原来的位置的话是很麻烦的，这种时候就可以把这些东西一次性都放进收纳篮里，然后提着篮子去各个房间把它们放回原位就可以了。

像这样一次性解决的话不仅可以节省很多的时间而且整理完之后带来的那种成就感也很大。仅仅好好地活用收纳篮也可以使整理的时间节省三分之一以上，然后这些节省下来的时间就转变成了个人时间，随意支配了。

不是送“遗物”
而是送“礼物”的智慧

记得几年前，我拜访了一位在地方生活的前辈姐姐的家，还在那位姐姐的妈妈家里睡过一夜。无意间看到那位妈妈在冰箱门上面贴着的一段话，那段话当时在我的心里闪耀着，记忆深刻。

题目叫做“美丽的十诫命”，在我脑海中印象最为深刻的就是这一句，“10 年不买贵重物品，贵重物品分享 10 年。”

主要意思是，年逾六十的话，买东西要节制，必须的物品除外就不要再添置其他多余的物品了，过好自己的整理整顿生活，去世之后可以为子孙除去很多需要整理的物品，贵重物品在变成遗物之前不如就作为礼物送出去。大概讲的就是这些内容。

看着这些话，也让我想到了，“整理整顿这件事不仅能在我活着的时候给自己舒适与方便，而且还能在我们去世之后，给子孙们留下舒适与方便。”

这样看来，我的婆婆也是从几年前开始，每逢结婚纪念日和生日的时候就把她自己身上的贵重物品都一件件地给了儿媳妇和女儿。将戒指、珍珠、手镯、项链等这些自己很爱惜的东西都送给了自己的孩子们，刚开始我还以为婆婆只是把她自己不喜欢的东西给了我，因为每次她也不让我挑选就只是亲自选出来送给我，所以难免会那么认为。但是，某一天婆婆忽然对我说了这样一段话。

“虽然在你看来这些东西都不算什么，尽管很小，但这是最好的了。等到我去世之后这些东西对于我来说还有什么意义呢？只不过是失去主人的物品罢了，但对于你来说总不会什么都不是吧？”

就像婆婆说的那样，在她去世之后，如果在整理遗物的过程中找到了那些东西又会是另一种感觉，肯定不会像现在这样珍贵的保留着。去年和熟人通电话的时候听到过这样一件事，熟人的姨母一个人生活了多年，不久前去世了，她就和妈妈一起去整理姨母的遗物。但是一个人生活了整整 10 年，物品太多以至于到了让人吃惊的程度。

一边整理一边在想为什么买了这么多衣服，化妆品也好多，还有各种各样知名的品牌，可惜的东西实在太多了。尽管把该丢的都丢掉，该留下的留下，整理这些东西也花费了整整三天。在整理东西的期间，姨母离开人世的哀痛也慢慢消失，还不住地说着“一个人生活怎么会有这么多东西”。再后面的谈话中，也很多次都提到了关于姨母的这件事。

听了这个故事，不由地感叹道，如果她们都能在生前把自己贵重的东西送给身边的人恐怕就不会发生这种事了。

我也是在不久前感觉身体不太舒服接受了检查。检查后的几天，医院里说结果不是很好要本人亲自过来。于是就在把车停在医院停车场，从车里下来的瞬间，脑海里突然出现一个很大的对话框，“我现在要为家人做点什么事情呢？”

尽管平常丢弃了很多东西，一直过着简洁的生活，但真要去想话，自己确实还是带着很多的东西在生活。

我曾想着能为家人营造一个没有我也同样能轻松过着简洁生活的模式。其实，那个时期本来打算清理书呢，但却不像话说的那样容易。但是就在那一瞬间来临之后，忽然感觉以前那些拖延的事情都不算什么了。

熟人中也有一位得过癌症但后来又痊愈了的人，健康的时候，提起整理都感觉战战兢兢的她在经历癌症到痊愈的过程之后，以前不舍得丢的东西也都看开了，真到了那种关键的时候，其实，再怎么重要的东西也都不算什么了。

最近，人们对人生的思考已经跨越了健康，而是对把人生的美好进行到生命的最后一刻（Well-Dying）的理念提升了起来。并不是因为畏惧死亡，而是为了把人生更加辉煌地结束，要活得更精彩一些。所以最近尝试临终体验的人也在慢慢增加。

就算是提前写好遗书，躺下来想想自己苦苦执着的那些东西还是不那么容易放下。我感觉自己好像也是那样，而万幸的是，经过一段时间的治疗，身体又恢复了往日的健康，不过在那段短暂的面对死亡的日子里，真的可以确定哪些才是对于自己来说真正重要的东西。

3.

用心整理得到的收纳能力

转变成为人生成功的力量

通过整理整顿得来的能力不仅仅是手上的技术。通过把零乱的空间整理好，从而体会到治疗心乱的作用。创造出一个和谐的家庭，将会成为人生富饶的能量。另外就像在整理的过程中把需要和不需要的部分都仔细地筛选出来一样，通过整理还能让人获得定位人生中那些重要与不重要东西的智慧。

对于长时间深陷整理整顿的苦闷中的人，经历了许多不顺利，也与一些陷入相同苦闷的人们见面分享过很多的故事。就这样，比起收纳技巧，也明白了很多更重要的事。在生活的课堂里，面对的那些大大小小的人生作业，解决它们的智慧正是“整理能力”。所以说，用心去整理而得到的收纳能力也能够成为人生成功的力量。

收纳能力即是理财能力

我是一个不会灵活用钱的人，只是知道把丈夫的工资存进银行或者省着花，但对于股市和不动产投资一点念头都没有。

尽管如此，我仍然敢很自信地说，我的理财能力还是很强的。那个关键点正是整理整顿。在过去积攒的收纳技巧运用在了我们家，使家里一直保持着整洁的空间，因此就算不搬进大房子，我仍然可以充分地创造出一个让家人感到幸福和满足的家。

从一个小小的家务整理开始作为契机，再到有人气的讲师，挂着我名字的书得到出版，于是自然而然地接到了其他授课的通知，最后直到我拥有了足够我做一生的事业。回头看着一连串过程的时候，总感觉整理整顿成为了我人生一笔丰富的财产，甚至像是我人生的救援贷款。

这并不是仅仅局限于我的故事。每次在结束一次整理咨询的时候，我总会对我的客户们说：

“我会让您的家多出 10 平米。”

听到这句话的时候，大家都会很吃惊地问“真的吗？”。当然，我没有办法可以把 33 平米的公寓真的变成 43 平米。不过，我却可以找出那些藏起来的空间。看看自己身边的家庭，尽管有 33 平米那么大的房子，但却因为家当太多，就像生活在窄小的

23平米的房间里一样的情况有很多。而那些人们却整天盼星星盼月亮地想着要把自己的屋子变大。但其实只要把家里角角落落堆着的东西都找出来，只留下需要的物品的话，23平米的房子也能变得很宽敞，就像33平米一样。

最近，尽管说房子的价格有所下降，但是韩国的土地依旧是那么的贵。这样计算的话，把那些囤着的又用不到的物品给丢掉，仅仅靠整理就可以节省下一笔不小的房钱。

每天坚持整理30分钟，可以得到比现在多出10平米的使用空间的话，那个价值可想而知吧。

不仅如此，那些为了整理而丢弃的东西反而还教会了我们养成不再随便乱买东西的习惯，从而降低了未来那些不必要的消费，因此也起到了节约的效果。

假如，我们把整理的对象扩大到物品以外的东西又会怎么样？面对生活中时时刻刻都在流逝着的时间，还有那些事，以及人际关系，丢掉那些不需要的东西。将整理的时候发挥过的那些技巧用在浪费的时间，以及消磨的人际关系上。就像空间被整理出来一样，在生活上也会拥有更多的自由时间，如果节省下来的时间和精力可以投资在那些重要的事情上，一定会收到更多的意想不到的结果。有人说，高效率地去运用理财资金，是创造利益的最好方法，其实，不仅仅是钱，通过整理物品得到的“整理能力”也可以运用在自己的生活领域，不需要巨额的投资，只要坚持不放弃，不论是谁都能拥有这种“理财”能力。

看见了生活中的先后顺序

现在大家应该都知道了，在整理之前，首先要做的就是丢弃这个道理。但是，哪怕是一件很小的东西，每到丢弃的时候我们的内心依然会感到有些纠结与矛盾。

该丢些什么，真的要丢还是不需要丢……一天都不知道要矛盾几次，尽管如此，已经下定了决心，又不能不丢，在这种时候大家通常会怎么想呢？

就像前面说过的那样，我在整理自己的裤子的时候，通常会从经常穿的裤子开始到几年都没有穿过一次的裤子，按照使用频度来确定整理顺序，然后跟着顺序来判断是否丢弃。

当然，刚开始的时候感觉也没有什么好丢的，总感觉不知什么时候就会用到的犹豫不决。但是一旦决定了之后，不管是丢弃还是整理起来都变得容易许多。就连我自己也不知道从什么时候开始便有了这种“整理能力”。

随着这个过程的反复，整理的能力也随之提升，这种习惯不仅仅能运用在整理上，而且在日常生活中也起到了积极的作用。

在丢弃的时候，还有整理的时候，那种确定优先顺序的判断力，同样可以运用到生活中去。自己最想做的事，或是最重要的事，可以更快地区分出来。

这些事情在一天中，一个月中，一年中，时间或短或长，就如同我们已经知道了哪些东西该放到哪些地方一样，那么后悔的事情也就会渐渐减少了。

于是就可以把很多事情在最快的时间里解决掉。看一下周围的人们吧，大家几乎都没有什么太大的区别，总是把“忙”字挂在嘴边生活着。今天要解决的事情不及时解决却总是在脑海里想着什么时候才能做完，就在哀叹的瞬间，时间就这么溜走了，这种现象不管是在家还是在职场都一样，还是很常见的。于是到最后没有一件事情能够彻底地解决，反而感到很遗憾而不住地叹息。不过，这所有的东西都对自己很重要吗？

细细的想一下，那些真的很重要的事里面，其实很多都只是做也好，不做也没什么大碍的事而已。在这种时候，就可以尝试着去区分哪些事对自己很重要，哪些则不重要。根据重要的程度就可以判断顺序了。

就像每天规划好当天要整理的东西然后去实践一样，一旦确定了最重要的事情，那就一定要解决掉。尽管我们不能像超人那样把所有的事情都解决得很完美，但是比起从一开始就不知道自己该做些什么，左顾右盼留下遗憾来说要好得多。在这个过程中，就会慢慢学会哪些事情对自己更有意义，渐渐养成系统处理问题的习惯了。

像这样一天、一周、一个月生活下去的话，就能看见生活的先后顺序，知道了先后顺序，就可以计划自己的生活，生活也就会像流水那样变得自然而轻松了。

不再被眼前的物质所迷惑

在只将需要的东西留下的过程中，我们会发现面对这些眼前的必需物品，我们看世界看人的观点也会随之改变。我也曾想过要住进更大的房间，想买更好的车，更好的衣服，更好的包，但是为了不陷入这种无止境的欲望之中，也花了不少力气。

虽然那个时候自己并没有察觉到，自己可能只是为了在别人面前展现自己，“只有达到这种程度才不会在别人面前显得寒酸啊。”正是这种思想才助长了自己的消费欲。嘴上说着是为了自己而买的东西，实际上却成了为别人而买的东西。就这样热衷于填充自己的虚荣心，结果填满了家里的空间，换个角度来说，其实不仅失去了空间，而且还迷失了自己。

但是整理整顿一旦在自己的生活中占据了很深的地位，那么家里的空白空间的存在感也会慢慢重现，于是，自己拥有多少贵重的东西就变得不再重要，从某个瞬间开始，你将会为自己拥有合理消费计划而感到骄傲。

曾经一度流行过的汽车广告——“你开的车将替你说话”，那个时候流行过的这句话，现在却还被人说来说去。说什么“我的车代替我说话，我拥有的东西就能代替我？那么开着进口车的人们就有品格，开便宜小型车的人就什么都不是吗？”

事实真的是那样吗？有些开着名牌车的人却做着目中无人的行为，从头到脚都用名牌服装包裹着的人却吐着满口的脏话，看着这些人，还能说出这样的结论吗？

在这种情况下，就算用奢侈的物品来装饰自己也只不过是个外壳而已，并不能代表什么。缠绕在人身边的高级车和名品也只是暂时的风光罢了，某种程度上这反而成为一件羞愧的事情。反过来说，只凭借穿戴就轻易判断别人的人又是多么的愚蠢呢。

有趣的是，随着“整理能力”的提升，我们会慢慢地把那些不必要的物质从自己身上除去，就像做减法一样，从而渐渐地看清自己真实的面貌。正是因为想要依靠物质来抬高自己，比起自身的满足，更想从别人那里得到羡慕的目光，以此来填满自己的虚荣心，所以才会出现这种错误的思想。欲望排空以后看待人与物质关系的视线就会发生改变，不会再轻易地被物质所迷惑，也就养成了健全的价值观。

对于消费的标准也会彻底转变为以“我”为中心。不再是仅仅根据这件物品便宜或者贵就要买，而是我是否真的需要它。并不是要把对物质的欲望消灭，而是学着把自己的欲望向着健全的方向转变。

有了自尊感，不管在哪儿都会受欢迎

在我的咨询客户中有一位是从乡下来到首尔的人，面对新鲜的环境，我想无论是谁都会首先担心自己是否能够很好地适应吧。况且这位从小出身在乡下，方言口音还比较重，于是她就很担心周围的人能否与自己融洽地相处，再加上还听周围的人经常说首尔的人很吝啬、很难相处，于是心理上的压力就更大了。

果然不出所料，在送孩子去幼儿园的时候，感觉其他的妈妈们好像不怎么接受自己，有时候如果有什么事情不联系自己的话，就会感到被孤立了一样。就算是和大家一起参加聚会，在聚会中间也感觉不到自己的存在感。她尽管很想说大家不要这样，但却不好意思开口。但就在有意无意之间，她提到了自己在做整理咨询，大家的目光一下子就聚过来了。于是整理结束之后，她就把那些想来参观的妈妈们都请到了自己的家里来。

看着干净整洁的家，小区里的妈妈们都赞不绝口，夸她很了不起。这个怎么做的啊？那个怎么弄的呢？这个收纳工具在哪里买的……面对着大家的各种提问，她感觉以前总是像一个局外人一样扭扭捏捏的自己瞬间变成了中心人物。从那以后，人们就经常向她问一些有关收纳的技巧，还时不时地拜托她和她们一起去买收纳工具，于是原本生疏的关系就这样一下子变得亲密了。

她说感觉自己变成了聚会上的重要成员，自信心也增添了不少。她还说，家人对自己的肯定也是一个很大的收获。婆婆和亲戚们来家里做客的时候，看见家里干净整洁的样子都会夸“真的花了很多心思啊”、“还从没见过整理得这么好的家呢”，亲戚们也会像小区里的妈妈们那样问一些关于收纳的技巧，拜托她也帮她们整理一下家呢。

不过，毕竟婆婆和亲戚们都是在首尔生活了很久的人，在生活方面也比自己有经验，由于和她们形成了比较，所以也感觉很累。

尽管婆婆和亲戚们的话往往并没有什么恶意，但自己却总觉心里有些压力。

“在此之前，比起我自己的主张，我总是会顺从别人的意思，但现在我不会再那样了。做什么事情都不再看别人眼色，而是按照我自己的想法去做。做梦也没有想到竟然通过整理使她的人际关系发生了这么大的变化，真的太好了。现在不管到哪里都感觉很受大家的欢迎，虽然不知道该如何去形容，但我感觉这是我人生的一个重要的转折点。”

通过整理整顿，她成为了很受大家欢迎的人，不管怎么说，这让她重新找回了属于自己的那份自信。也可以说是找回了对于女人来说，一份生活的自信。

跟有钱的朋友或是邻居妈妈比起来的话，总感觉自己做什么什么不成，做的好的、拿得出手的事情一个也没有。我也是通过观察这位客户的变化同时明白了一些道理。我整理的家能够让我闪耀，这是让我重新找回自信的突破口。

充分地活在现在

其实整理整顿是要活在当下的行为。之所以这么说，那是因为，整理的理由就是让自己充分的享受自己所在的这一个空间。

想象一下当把那些堆得都要溢出来的物品丢弃的时候，是以现在的标准根据需要才丢弃的吧。在整理物品的过程中不仅断绝了对过去的那种恋恋不舍，而且就连对未来的担心也都一块儿阻断了。就像这样，总是把现在作为标准来判断着行动，习惯这种方式之后，你会发现自己渐渐地就会集中在现在的生活上。

回头看看我们的生活吧，为了孩子的教育和自己老了后的准备，不断地陷入吵吵闹闹的环境中。不知道未来怎么样，也不知道会不会幸福，不仅在不断地做着未来的梦，还要忍受现在的不便，不断地延迟自己的满足感。

所谓的延迟满足感也就是说，为了未来拥有更大的保障，自发的延迟自己的欲望，正因为如此，也可以说是一种忍耐挫折的行为。很多人都在自发地想要养成这个延迟满足感的能力，在担心未来的同时一天一天地坚持着。

但是，担心对未来的变化一点作用也没有的事实大家都很清楚。未来仅仅存在于我们的脑海中。而真正面对我们的只有现在。只有敢于直面现在，去行动，去付出，才能成为明天的希望者。

当明天到来的时候，又会成为另外一个现在，用同样的行动去面对才能享受眼前的生活。只有没有后悔的现在才能成为明天的保障，幸福的未来说不定某天就会像奇迹一样找上门来的。

还记得前面说过的一个具有与众不同设计视角的住在楼上的姐姐的故事吧，不管是 1 平米还是 2 平米，只有明白现在自己脚下踩着的这片空间才是最重要的，只有这样才能把自己的家装饰得更宽敞，还培养了自己在装饰方面的灵感。

看着乱糟糟的家，尽管在头脑中数百遍地想着要干净整洁地生活，但是这样做是丝毫没有用处的。如果想变化的话，哪怕取出一栏抽屉整理也就从那一个瞬间开始了。

不管是与人相处还是实现梦想的过程，都是一样的道理。哲学家姜信珠在《素面的哲学，昂然的人文学》一书中曾经说过，只有活在现在才能很好地去爱。

“人如果总是担心自己的未来，那么和他人的关系就会疏远，就无法去付出自己的爱，因为他的意识都去了未来，就像‘生病’一样。但是，与他人之间的关系是要靠现在来维持的。而权力却不管是用什么方法都要把现在的关系切断。令人对未来产生畏惧。但是，未来只是在我们的脑海中而已，我们始终还是要面对现在的。在面对别人的时候，不能把思维集中在现在而总是集中在过去或者未来的话，那么将无法沟通。让人们重视过去或者未来不重视现在，正是权力阻挡友谊与爱的方法。孩子们在学习的时候，之所以会那么累也正是因为对未来的恐惧引起的，毕竟孩子们面向的是一个未知的未来。在竞争理论的基础上也体现出来对未来的忧虑。”

只有充分地生活在现在，这样才能去爱，去解除对未来的不安。这也让我再次明白了，把今天的我培养得积极向上对未来是多么的意义重大。

“别依赖未来，无论多美好！让死的‘过去’埋葬它自己！行动吧！就趁活着的今朝”就像朗费罗的这句名言一样，只有忠实于现在才能让未来变得更加精彩。

具备了对于现实问题的解决能力

整理就是一个不回避现实敢于去思考去解决问题的过程。这个时候自问自答就成为了一个好的解决办法。当想要整理某个东西却又想不出办法的时候，就可以用最基本的方法去自问自答。以减小生活中的不便为出发点举例的话，手勉强才能够到的柜子顶端的东西，每次拿的时候都很不方便，这种时候就该考虑要怎么去解决了，为什么每次都是这么的不方便呢？

踩着椅子上去呢，又嫌麻烦，因为不管是从种类还是大小上都容易和别的东西混淆，结果每次要用的时候就要把其他东西也一起拿出来，太复杂。

难道没有什么好的方法进行分类吗？

装进收纳篮里就行了。

但是，要想知道什么收纳篮里放了什么东西，不还是要一个一个的拿出来吗？

如果把每个收纳篮都贴上一个小标签，那么不就知道哪些东西放在哪个收纳篮里了嘛。

尽管如此，由于柜子太高每次拿东西的时候不还是会不方便吗？

用多余的电缆做一个手柄就好了啊，这样的话，每次拿的时候只需要轻轻地拉一下手柄就可以安全地取下来了。

体积小的东西在收纳篮里不会和其他的东西混淆吗？

那么就在收纳篮里放上小隔板再按照种类来区分就好了。

就像这样，把这些所谓的“不方便”的问题利用自问自答的方式轻松地都解决了。

可以毫不夸张地说，我所知道的所有关于收纳的技巧也几乎都是以自问自答的方式得来的。另外，尽管有时候会产生一些小小的挫折感，但是，直到找到自己满意的方法为止都不要轻易放弃。

在现实中，当我们面对困难的时候，那些挫折往往会引发我们找到真正答案的巨大力量。

在我们的生活中，会遇到无数次令我们茫无头绪的选择，当某个问题出现的时候，我们经常会连哪里出现了问题都不知道，束手无策。就算是向周围的人们寻求意见，可是结论还是要自己来下。没有经过深思熟虑的这个过程，就算是做什么决定都难免会让人感到不安。这种时候，不要逃避，就从最基本的开始，有条有理地自问自答的话，你会发现，自己想要的答案真的会出现。

不久前在一个音乐选秀的节目当中，一位落榜的后补选手说过这样一句话，“我到现在为止都是一个忙于逃避的人，总是回避高音，只为了能在舞台上安全演出而花心思。但是，就在今天，我并没有逃避，我尽了自己最大的努力，我终于学会了在未来的舞台上不逃避的方法，感谢大家。”

拖延和回避，始终不是解决问题的方法。随着日子变长，自己的担心与苦闷只会越积越多而已。

解决担心和不安的最好方法就是思考，然后行动。将通过整理而掌握的思考技术与行动力运用到自己的生活中去吧。直到把那一连窜的问号变成句号为止。

随着句号越来越多，解决现实中问题的能力也会变得越来越强。

生活变得单纯

通过整理我不仅知道了生活的先后顺序，而且也明白了只要充实地活着，生活就会变得很轻松。因为不买那些不需要的东西所以从客观的角度讲，我的空间变得单纯。另外就是不再被别人的看法所干扰，以自我为中心地思考和判断，所以从主观的角度讲，也自然变得单纯。

所谓的单纯地生活，并不是指拥有更少的东西，活得很寒酸，而是把自己的生活变成可以轻松管理的状态。把多余的东西丢掉或者分享（Share），根据自己的选择减少浪费（Save），空出来的空间不再添加其他的物品，做到自我节制（Self-Control），把生活引向一个有序的循环的状态。

堆在那里不用的物品，总是不会减少的家务事，繁重的工作，不必要的约定，像洪水一样涌来的信息，还有从整理开始感到的压力与疲惫无力……生活中充满了折磨自己的东西。

这一切都需要周密的观察，然后把那些使生活变得复杂，以及令生活变得没有意义的东西果断地丢掉才行。把那些不需要的不管是物质上还是精神上的东西都清理干净的话，生活的过程也就变得单纯了，换句话说，也就变得轻松与自由了。

只有这样，闲散在四处的能量才会回到自己身边，创造出以自我为原则的生活基础。正因为如此，单纯的生活不仅为自己选择了重要的价值，而且还创造出了集中于这些价值的时间、空间和精神上的环境。这样一来，自己不仅能够设计自己的人生，而且还可以创造着去变奏，确实是人生最自然的一种生活方式。

单纯,自由,充满活力,充满乐趣的生活！想想都让人激动啊。

知道了真正的幸福是什么

空间整顿完成，生活也变得单纯。生活单纯的话，真正的幸福也就离自己越来越近了。当把那些曾经包裹着自己的东西一件件地撇去之后才能直视自己真正的生活面貌。我们总是想用看得见的条件去确认那看不见的幸福，比如用家的大小、家当，以及消费标准为依据来预测我们的幸福。

不仅是对自己，就连对他人也是用同样的标准来衡量。为了过上所谓的“看起来很幸福”的生活孤军奋战，自己反而都被幸福催眠了。

我也曾经一时过着“为了生活而生活”的生活，“为了整理而整理”几乎全力以赴。在别人看来也许会羡慕我拥有着干净整洁的家，还有一系列的关于收纳的创意，但在我自己看来真正的满足感却并没有那么多。

经过几次的不顺利比起得到别人的认证，我发现了更重要也更大的价值。

我所拥有的物品丢弃之后整理完之后才发现，原来在我内心深处的虚荣心还是存在的。虽然有些不好意思，但我也只能坦白地承认。越是这样，对于自己向往的生活越是想具体地去实现。

我们总是在“想活得很幸福”和“想看起来很幸福”这两者之间不停地斗争着。如果两者能够达成一致的话，那将没有比这更好的事情了，但是现实却不是那么简单能做到的，心里仍旧迷恋着想要在别人面前看起来很幸福，想要从中挣脱可是一件不容易的事情。所以想在别人面前看起来很幸福的欲望总是无法节制，反而想拥有得多一点，再多一点。

能够解决这种矛盾的办法就在于整理能力上。超脱包围自己的那些条件，从心理上得到自由才是整理的美德。它将会成为指引我们走向幸福道路的指南针。尽管如此，总是感觉别人的家就是甜蜜之家，羡慕别人成功的故事，而自己“做出来”的叫幸福的东西是不是仅仅对幻想的狂热有必要回头看一下。

纪尧姆·米索曾经在一本叫做《Skidamarink》的小说中这样

说到，

“看起来很幸福的人在这个世界上实在是太多了。但他们看起来很幸福的原因只是因为那些从他们身边经过的人而已……。”

“做出来的幸福”“给别人看的幸福”是注定不能长久的。在别人眼中看起来很幸福的那一瞬间只是暂时的，要想寻找真正的幸福，只能从自己生活的家，还有自己的生活中获得。从这个意义上想，整理整顿才能真正成为幸福的出发点。

Casa妈咪25个重要的

4.

收纳整理技巧

从现在开始，关于所有空间与物品通用的收纳原理，衣服、被子、零碎东西的整理等，以及大家关于这些问题提出的一些代表性的困难的解决技巧，我都将传授给大家。由于这些技巧都是整理中很关键的基础，事实上，把这些技巧称为整理的全部也不为过。只要把这些技巧牢牢掌握，整理中也没有什么能难倒大家了，不管什么时候，最重要都是“内心”——不管是家还是空间都想整理得干干净净的内心，只要有了这个，无论是谁都能成为整理整顿的专家。好了，那现在就让我们开始学习吧。

所有空间
都能行得通的方法！
5 个基础收纳法

抽屉式收纳法、归类收纳法、竖直收纳法、隔板收纳法、联想收纳法，作为收纳的 5 个基本原则，在整理整顿的时候，就算只知道这些，家务事也会变得更加轻松。再将这些方法稍微加以变通就能使收纳变得快速便捷，这就是整理的原则，一定要牢牢记住。衣橱、厨房、孩子房间，再到客厅，这是所有空间都能活用的满分秘诀。

외장 하드
충전기

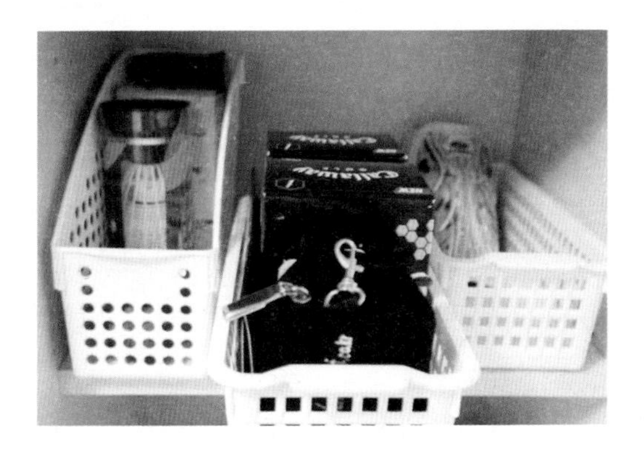

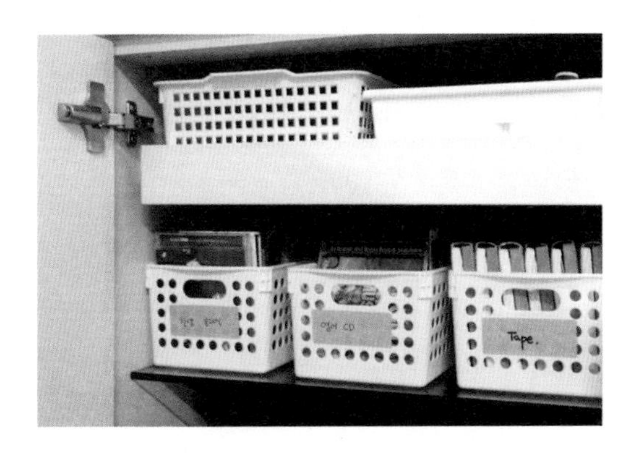
영어 CD
Tape.

1

抽屉式
收纳法

所谓的“抽屉式收纳法”就像字面上说的那样，就是在没有抽屉的地方放进四边形收纳工具，做出一个抽屉的方法。不管是在衣橱还是在收纳柜的搁板上灵活运用它的话，物品不仅更容易查找而且拿放的时候也会变得非常方便。

以衣橱搁板为例说吧，通常人们都是把衣服叠好之后整整齐齐地堆放在搁板上吧。有时候遇到搁板比较深，前后放两排的情况也有。起初这样做还是没有什么大碍的，但是，一旦把其中的一两件衣服拿出来之后，堆起来像塔一样的衣服瞬间就会倒塌，前排的衣服与后排的衣服也开始搅乱在一起。当这种情况发生的时候，请尝试一下在搁板上面放上起到抽屉作用的收纳篮或者收纳箱等工具，再把衣服放进篮子或箱子里面试试看吧。

一定框架内整理完的衣服不仅不容易被弄乱，而且哪些物品放在哪个地方，都可以明确地知道。无论是放衣服还是取衣服都不用一件件地去翻找，就像打开抽屉一样，只需要抽拉一下篮子或箱子就可以了。最重要的是，它能够继续维持一个整理状态的好处。

不仅是衣橱，在上下都有空余空间的水槽柜、冰箱等地方，也可以使用这种方法。举个例子说，奶酪、果酱、培根、豆腐等体积小又容易混乱的食材，如果放进收纳篮里进行收纳的话，冰箱会更进一步地干净整洁，也容易维持，找东西的时候也变得更加方便。

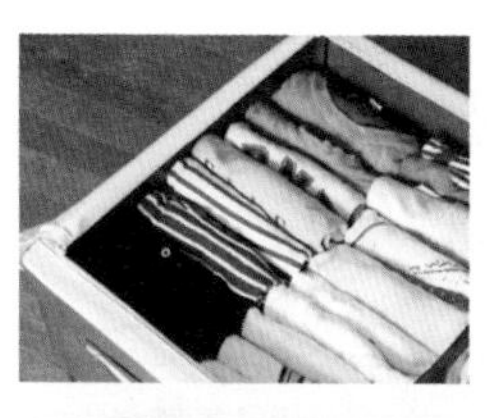

在衣橱里放进了起到抽屉作用的收纳箱，像这样，好好利用箱子的话，就算放进前后两排，也不会发生混乱，容易保持良好的整理状态。

放进冰箱里的收纳篮用多孔的塑料收纳篮最好，这样才不妨碍冷气循环。

2

归类收纳法

这是一种把相同种类的物品放在一起的方法。用归类法收纳的话，不管是查找、放入还是保持都会变得很方便。勺子和勺子，饭碗和饭碗，托盘和托盘都聚集在一起整理的话，在找物品的时候还有减少寻找路线的效果呢。

另外，归类收纳法还有一个重要的作用就是只留下需要的东西，而把不需要的东西都撇出来，这样做的话就会使工作变得更加轻松。以饭碗为例，因为是每天都要用的东西，所以肯定会放在水槽柜里，而多余的碗或是接待客人时用的碗就放在平常不怎么碰的装饰柜或者角柜里了，还有一些不怎么喜欢的但又不舍得丢的碗则会在收纳箱、收纳篮或者仓库里。这种时候，虽然猛然会感觉东西很多，但实际上也没有多少东西，而且通常这些东西在那里一放就是几年。如果把这些东西都找出来放在一个地方整理的话，有多少种类一眼就能看出来。于是那些不需要的东西也就理所当然很容易被挑出来丢掉了。不仅仅是丢弃，如果灵活掌握这个方法的话，对于整理及维持都会有很大的帮助。

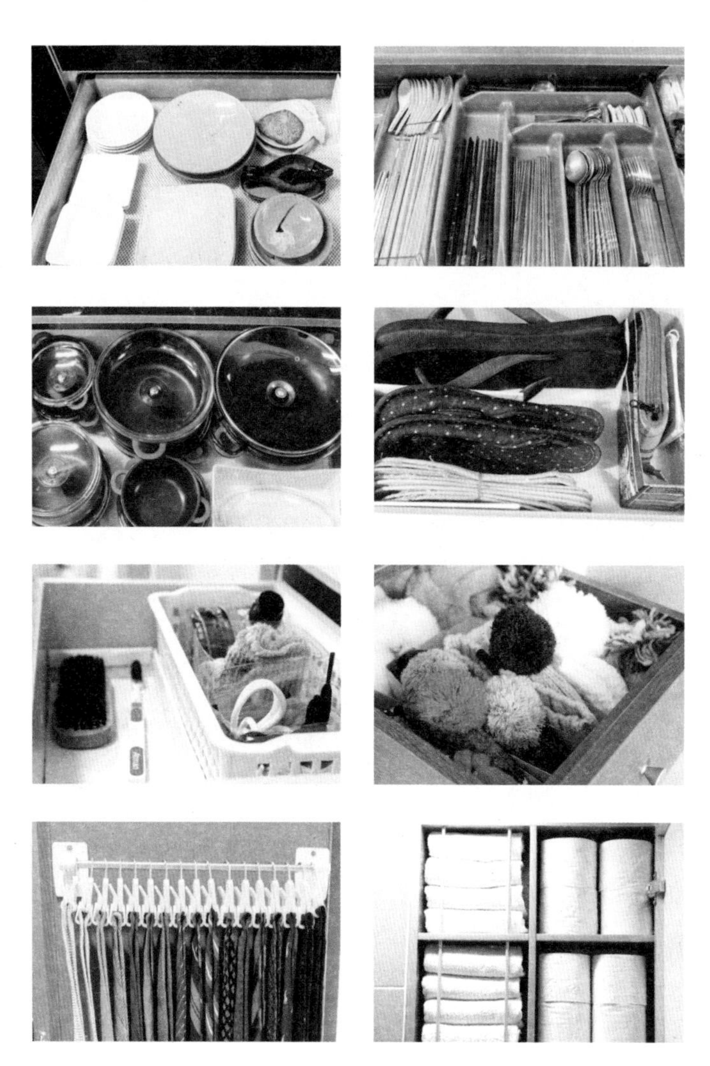

不仅仅是碗，还有衣服、流行小玩意、文具、清洁用品等，
都按照物品类别放在一起进行整理的话，
那些不需要的东西，
以及超出自己需要的部分，选择起来也变得更加有效率。

❸ 竖直收纳法

通过把物品竖着摆进行收纳的话，在同样的空间里将可以放入更多的东西。竖直收纳法呢，比起说它是单纯的为了放入更多的东西，其实在视觉这一点上更具优势，因为竖直收纳法可以使物品的种类一下子都清楚地展现在眼前，这一点很重要。也正因为如此，在整理整顿里，竖直收纳法是运用最多的一种方法。

特别是在整理衣服的时候，竖直收纳法的效果可以称得上是令人眼前一亮啊。叠衣服的时候叠得很整齐，但是把衣服堆叠在一起的话，下面放了什么东西总是会忘记。我也是在结婚之前，每次找内衣的时候几乎都要把柜子翻个遍呢。好不容易整理好的衣橱转眼间就乱成一片，这也是家庭主妇们常说的苦衷。而能够解决这种苦衷的方法就是竖直收纳法。

按照抽屉的大小来把叠好的衣服都按照种类来竖着放进去的话，维持整理的效果会加倍。在冰箱里放食材的时候，还有一些零碎的东西，以及美术用品等放在收纳篮里的时候，我也积极推荐这种方法。

衣服这样竖着放进行收纳的话，

不仅找的时候方便，比起那种上下堆叠的方法，这种方法可以放入更多的东西。

4

隔板收纳法

隔板收纳法是一种为了使整理整顿的效果能够持续下去的一种必要收纳方法。它的原理其实很简单，就是把相同种类的物品先集中在一起，再进行分离，尽管放在一起却互不粘连，对于体积小容易乱的物品来说是一种很理想的方法。

在抽屉或者收纳篮里放东西的时候，把同种物品都直接放在一起的话，很快又会变得乱七八糟，既不容易找又不好拿。举一个例子，把项链集中在一起整理的时候，当把它们一次性放进抽屉里的话，每次到了拿的时候，项链和项链之间都会缠绕在一起很难解开。这种时候，可以尝试一下在抽屉里放上小的收纳盒或收纳篮，作为隔板。分隔后的每一栏都只放一条项链的话就不会再缠绕在一起了。筷子、勺子、装饰品，以及内衣等体积很小的东西，如果按照这种方法进行分隔放置的话，效果简直可以说是满分。另外还有清洁用品，以及与鞋子有关的装饰品放进同一个收纳篮的时候，也做上隔板的话，从始至终都能保持干净整洁的效果。

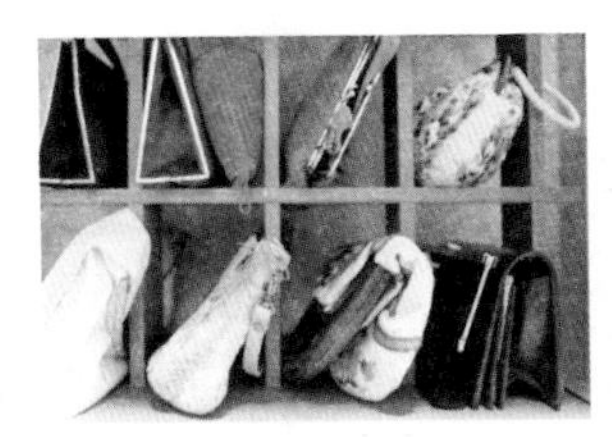

可以用来扮演隔板细分角色的物品多种多样。代表性的有专门用来整理内衣的收纳盒，还有专用的塑料隔板收纳工具。其中，隔板可以根据自己需要的长度来调整，然后可以自由自在地分离空间。塑料瓶与牛奶包也可以剪开用来做隔板。

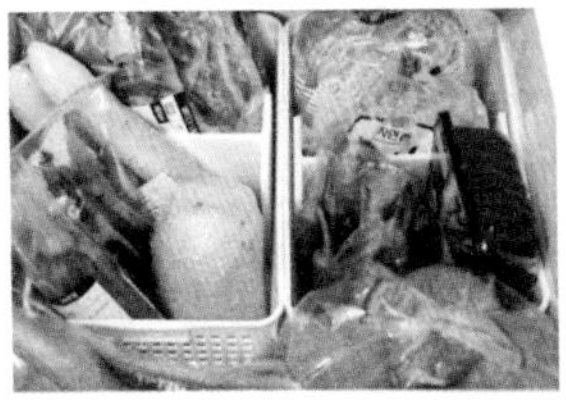

5 联想收纳法

联想收纳法和归类收纳法很相似。如果说归类收纳法是把同一类物品集中在一起的话，联想收纳法则是把相似用途的物品集中在一起进行整理。

也就是说，一起使用的物品，当一个物品不知道该放在哪里才好的时候，把它和联想到的物品放在一起的话，原来放过的位子不用一个个地记也能很轻松地找到它。对于那些记性不太好的主妇们来说，这是比什么都实用的整理技巧吧。

举个例子来说，彩纸、彩笔、蜡笔、剪刀、胶带等孩子的美术用品都可以放进同一个收纳篮里整理，而餐盒、保温桶、饭团盒、紫菜帘子等则可以与郊游有关的用品放在一起整理。我们来假设一下，如果紫菜帘子或餐盒等物品与厨房用品放在一起的话，因为不是经常使用的东西，所以肯定不会放在手很容易接触到的地方，于是等到真正用的时候却不记得放在了哪里，就会以水槽柜为中心翻找了。然而如果把这些东西与郊游用品放在一起的话，就很容易被联想到，从而轻易地找出来。另外对于游泳用品、滑雪装备，以及韩服等这些不经常使用的东西都可以运用这种方法来解决。

联想收纳法不仅对于那些不经常使用的物品有着很好的效果，而且对于那些平时经常使用的东西也一样好用。有了孩子之后，家里的生活用品也会随之增多，尽管是经常使用的东西很多情况下也记不清放在了哪里，像这样，把用途与使用时机相同的物品放在一起整理的话使用起来会轻松很多。

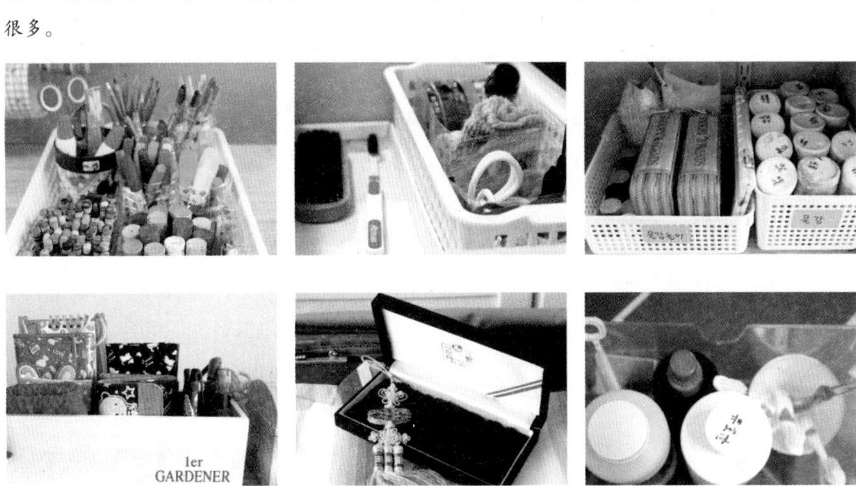

最大的问题是要感兴趣！智能的衣服整理原则

无论是在讲座还是在做咨询的过程中，我发现大部分人都一致认为整理衣服这件事是最难攀越的一座山。人们的衣服按照季节、种类本来就是多种多样，那个量可真是不容忽视。整理自己的衣服都已经够麻烦的了，再加上家人的衣服更是没了整理的念头。更何况，自家的衣橱也不是那么充足，在限定的空间里，要想把这么多衣服整理得既漂亮又好找的话，是一件多么困难的事情，估计只有挑战过的人才会了解。尽管如此，我们既不能每天都只整理衣服，也不能把衣服堆得像山一样生活，那么整理衣服这件想想都让人头疼的事情该如何去解决呢？就让我们一起来寻找能够轻松解决这一问题的方法吧。

首先，要把那些不常穿的衣服挑选出来，这件基本的事情相信现在大家应该都知道了吧。然后，就是要学会判断放衣服抽屉的大小与个数，确定什么地方放什么东西。外套、衬衫、西服裙就挂在吊架上，T 恤和裤子这些衣服则放在各个抽屉里。以这种方式，明确地将它们放在指定的位置上就行了。

到这里如果全部能做到的话，接下来只要知道在挂架上挂衣服的原则，把衣服放进抽屉时的原则，以及叠各种衣服的方法，那么整理衣服这件事就没有那么难了。特别要注意的是，叠衣服的核心部分就是要把衣服叠得四四方方才行。如果是要放进抽屉里的衣服，那么不管是什么种类更要遵循四四方方这个原则。另外就是要根据抽屉的大小与深度来判断叠衣服的大小，灵活地去调整就可以了。在这里我将以长短袖、T 恤、吊带、短裤、长裤、内裤、袜子、文胸、丝袜等这些日常生活中我们最常穿着的衣物为对象向大家介绍。

知道了这些，也算是精通了整理衣服技巧的 80%。剩下的 20% 就要靠灵活运用工具，以及手的灵巧程度来决定了。不过俗话说，一口吃不成个大胖子，不要心急，从现在开始跟着我慢慢学的话，不论是谁都可以做得很好。

整理衣服这件连开始都让人觉得很累的难题，从现在开始，即将成为能够令人品尝到乐趣与意义的事情。

6 衣架的 5 个整理原则

事实上，衣架整理并没有那么难，简单来说，其实就是把衣服挂在衣架上，如此简单。不过，根据不同的情况，挂在衣架上的东西也可能会占据更多的空间，衣服如果放得太挤的话，又容易起皱。所以，衣架整理要遵守以下 5 个基本原则。

第一，把空衣架去掉。这个时候，把那些不穿的衣服丢掉也好。

第二，衣架的方向要一致。只有这样，挂衣服的时候才会占用更小的空间，衣服出现褶皱的机会也会更小。持续一周把衣服向着同一个方向挂的话便会养成习惯。

第三，有扣子的衣服要把扣子从领子到胸部都扣上，有拉链的衣服则要拉上拉链再挂。

第四，衣服按照种类区分来挂。跟季节无关，背心，裤子，裙子，短袖和罩衫，背心和羊毛衫，厚外套，要分类挂起来。这个时候，按照不同类别，从浅色衣服到深色衣服的顺序去挂的话，看起来会很美观。

第五，在衣架下方的剩余空间里放上可以作为抽屉使用的收纳箱或者收纳篮。这些收纳篮可以用来放置与挂在上面的衣服相关的装饰品。例如西服下面可以放领带、项链、手套等。

抽屉
的 4 个整理方法

利用抽屉整理衣服的时候，先要把所有的衣服集中起来才行。假如想放短袖衬衫的话，不仅仅是抽屉里面现有的，就连脏衣服篮子、洗衣机、晾晒挂着的短袖衬衫也都要集中到一起。假如衣服多得已有的抽屉都装不下的话，那么就留下足够放进抽屉的衣服，剩余的都丢掉。整理衣服的时候要根据抽屉的大小、深度，尽量把衣服叠成大小一致，然后把叠好的衣服遵照竖直收纳法放进去就可以了。

但是，有时候抽屉里还会出现剩余的空间。这种情况下如果把衣服竖直放的话，由于衣服没有力气，就会倒下使整理状态得不到保持。这个时候可以巧用以下 4 个方法来解决。

第一，不要把衣服绝对竖直着放，而要保持一定的倾斜度放进去。

第二，灵活运用书架隔挡的方法也很好。

第三，在空出来的空间里可以放上收纳篮。收纳篮可以起到支架的作用，在收纳篮里放上别的东西的话还有隔板的效果。举个例子，在裤子旁边的收纳篮里放入打底裤，短袖旁边的收纳篮里放入吊带衫等。

第四，把衣服呈锯齿状交错着放，这样的话，相邻的衣服可以成为相互的支架。

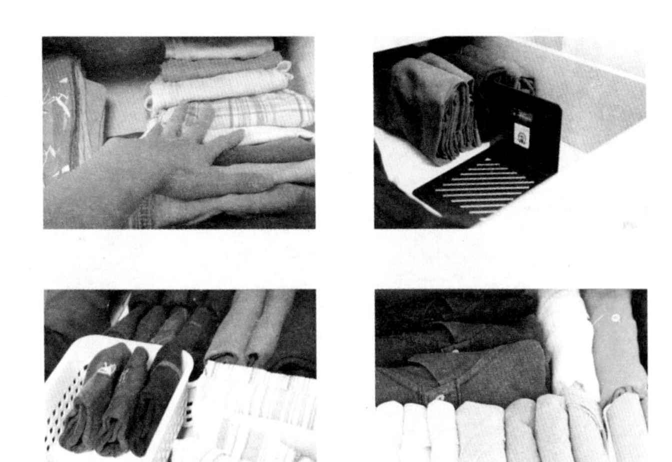

在抽屉里放上书架隔挡和收纳篮的话，不仅可以起到支架的作用，而且还会提高空间的利用率，使整理好的衣服不容易乱。

制作叠衣服的板子

为了把衣服叠成相同的大小，有一个专门用来叠衣服的板子会比较的方便。至于板子的材质可以用文件夹、也可以用薄的塑料切菜板、厚的纸板等来做。首先要测量一下抽屉的深度，然后按照合适的长和宽来剪就可以了。很简单就可以做成，做完放在家里还可以备不时之需。

- 长：（抽屉深度 −1~2cm）× 1/2
- 宽：28~30cm

❽ 长短袖T恤的折叠方法

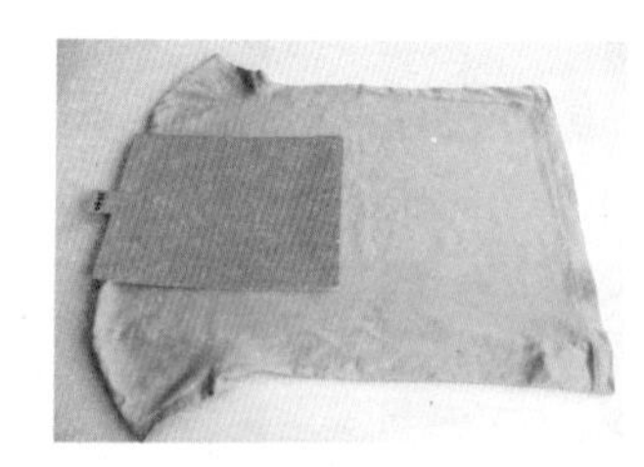

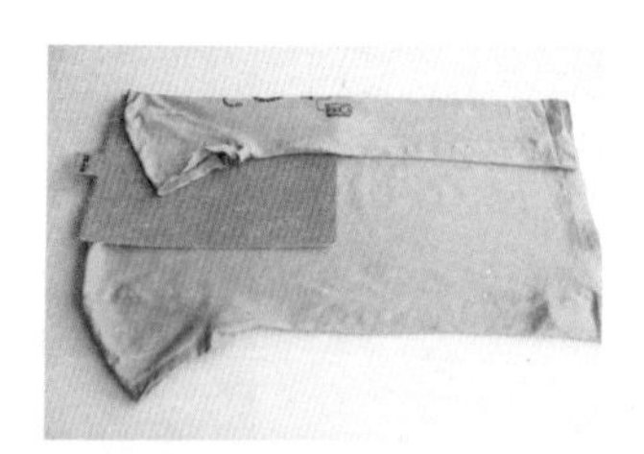

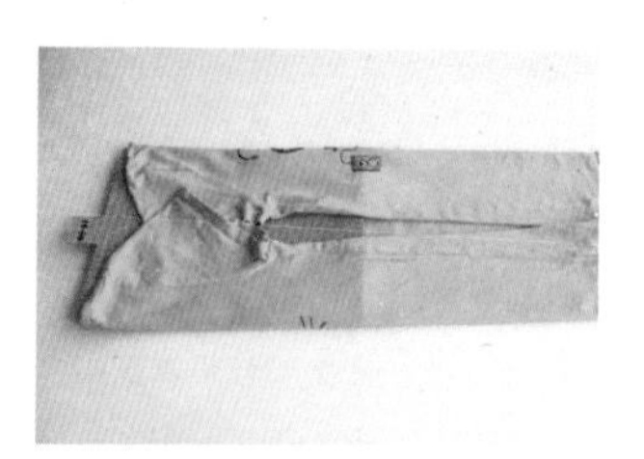

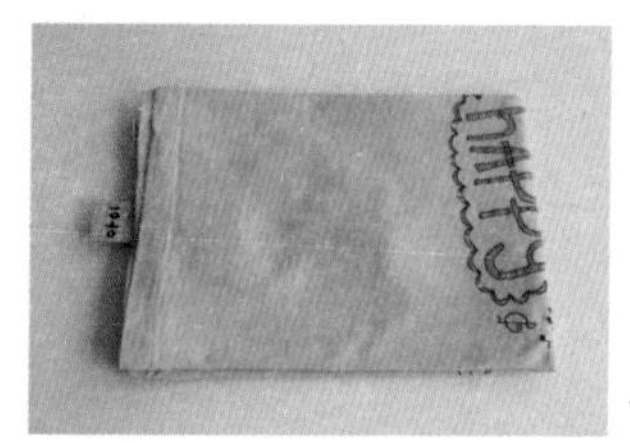

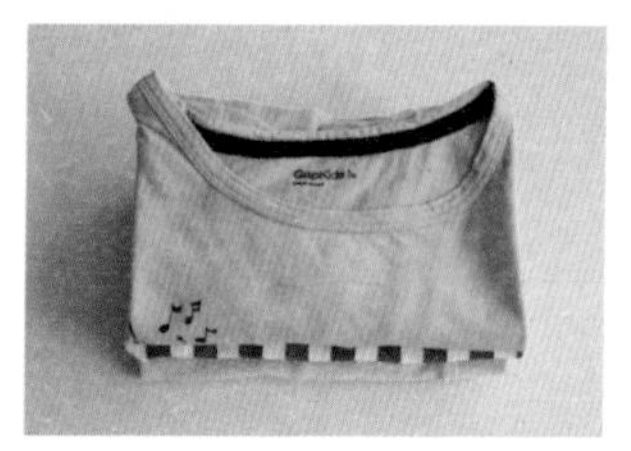

① 在衣服的后面放上叠衣服的板子。

② 两边的袖子对折，如果没有板子的话也可以用手来打量着折叠。

③ 下面的部分叠上来。

④ 把叠衣服的板子抽掉再对折一下，竖直放入抽屉里就可以了。

9

吊带衫的折叠方法

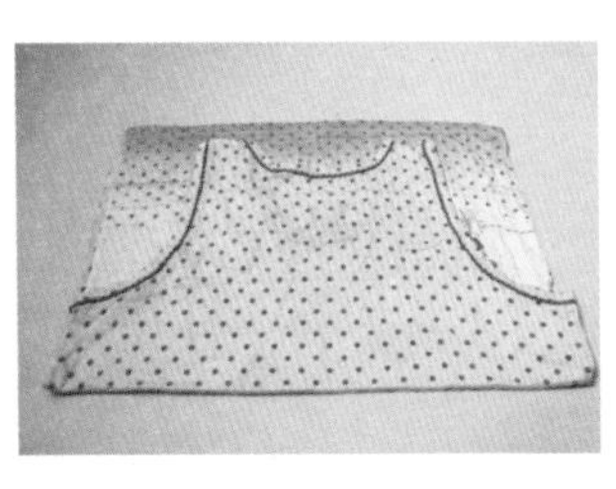

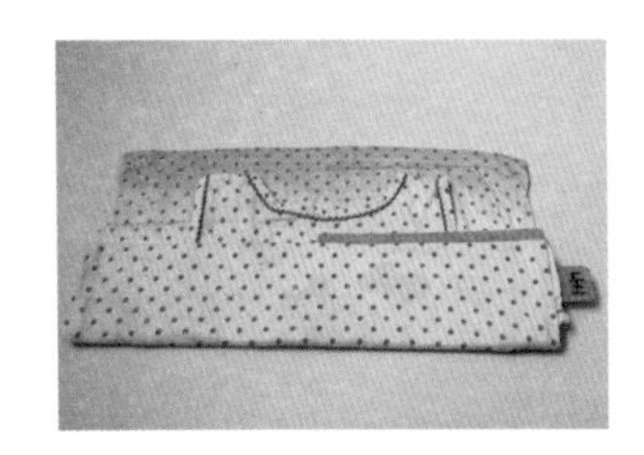

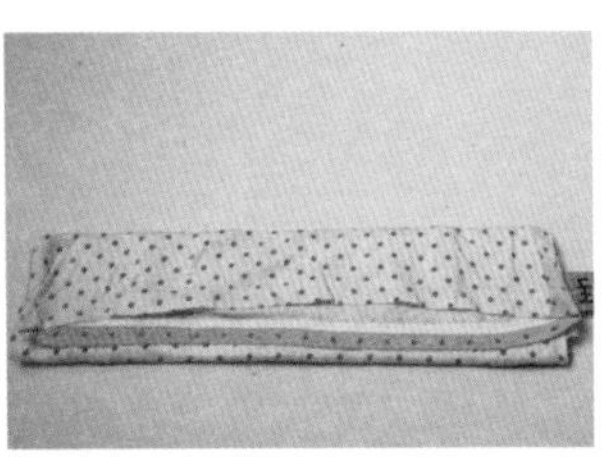

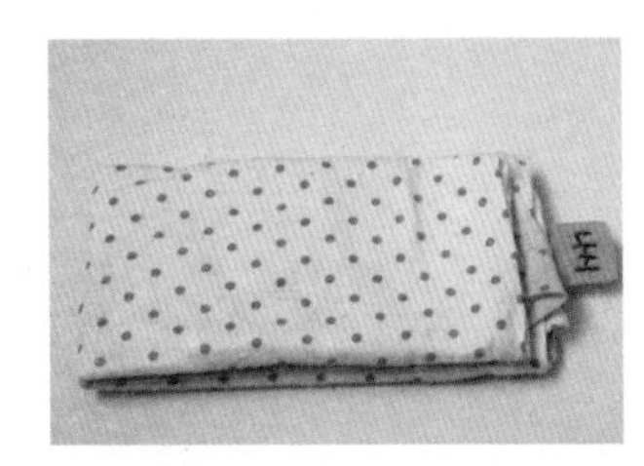

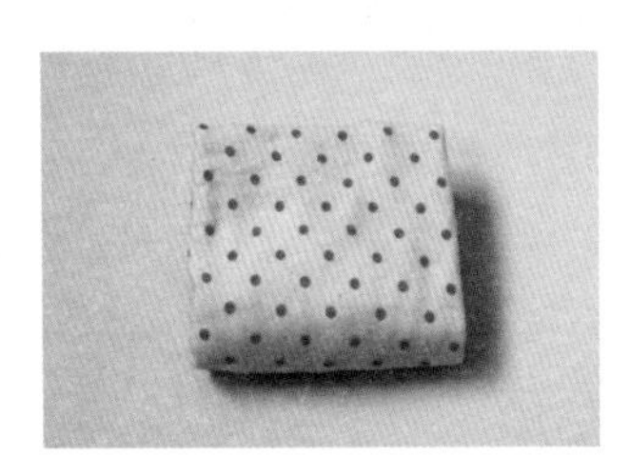

① 衣服横着对半折。

② 把这衣服的板子放在中间，沿着板子上下折。

③ 沿着板子对折。

④ 把板子去掉再折一下。（折的次数要根据抽屉或收纳篮的大小来调整。）

⑤ 竖直放进收纳篮里整理好再放进抽屉。（运动背心也可以用同样的方法来折叠。）

⑩ 短裤的折叠方法

① 把裤子竖着对折。

② 把裤子的尾巴部分折进去。

③ 把裤子的长度三等分，折两次。

⑪ 长裤的折叠方法

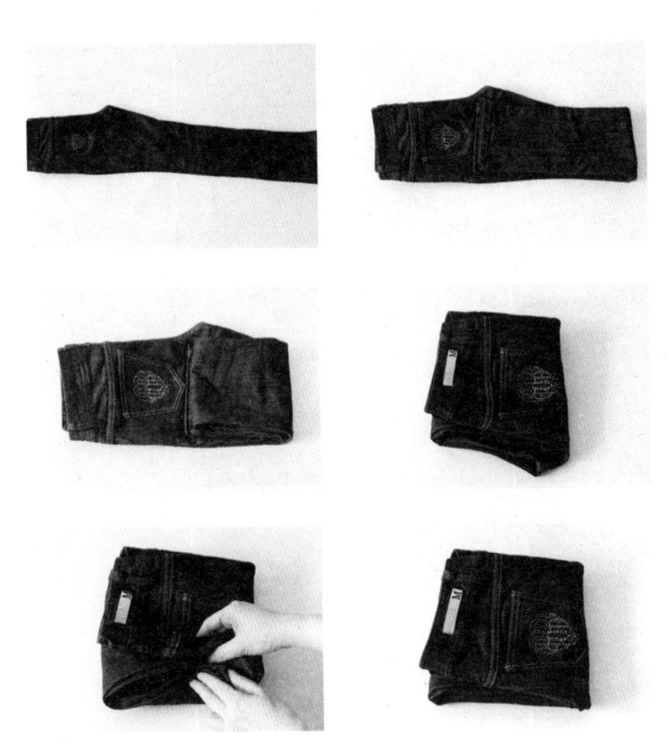

① 将裤子竖着对折。

② 按照裤子的长度五等分，将裤脚与后面的裤兜线对齐，折上去。（根据裤长的不同，也可以分成两半，折两次。）

③ 裤腿部分再叠一次。

④ 把剩下的裤腰部分叠上去。

⑤ 最后把露出来的部分折进去。

⑫ 内裤的折叠方法

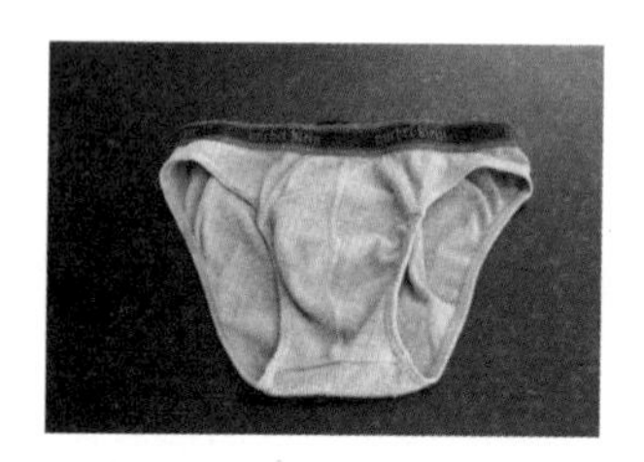

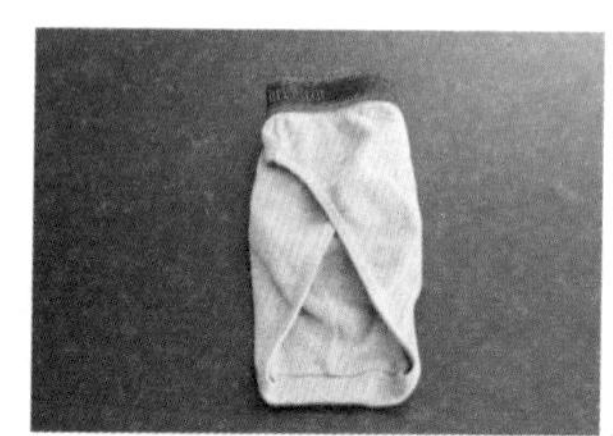

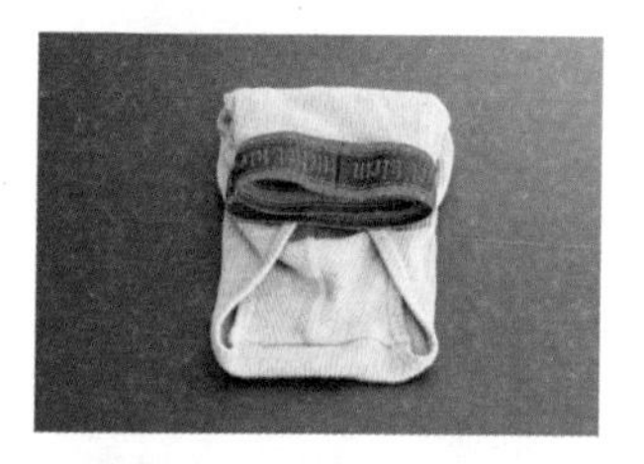

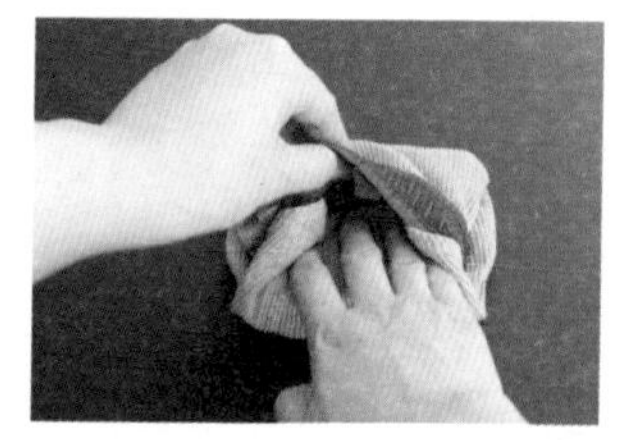

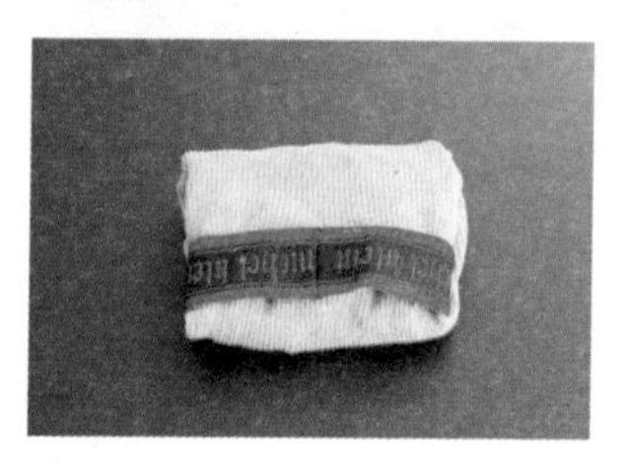

① 把内裤竖着三等分折叠。

② 横着三等分把裤腰部分折下来。

③ 下面的部分折上来塞进裤腰的松紧带里。

（平角内裤也是同样的方法进行折叠。）

⑬ 袜子的折叠方法

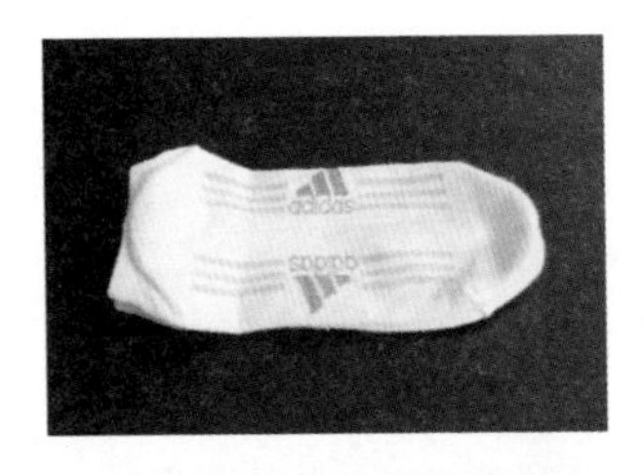

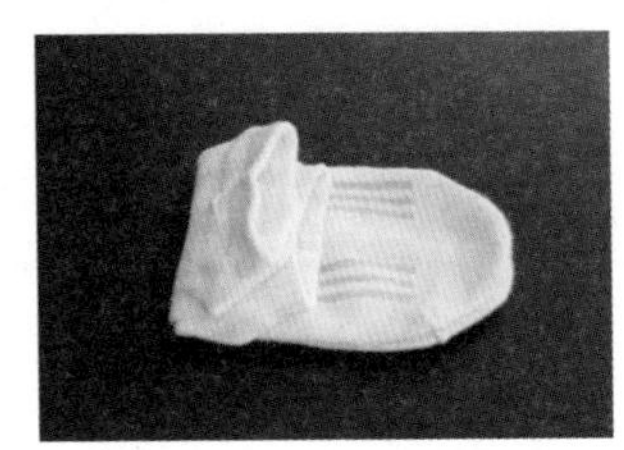

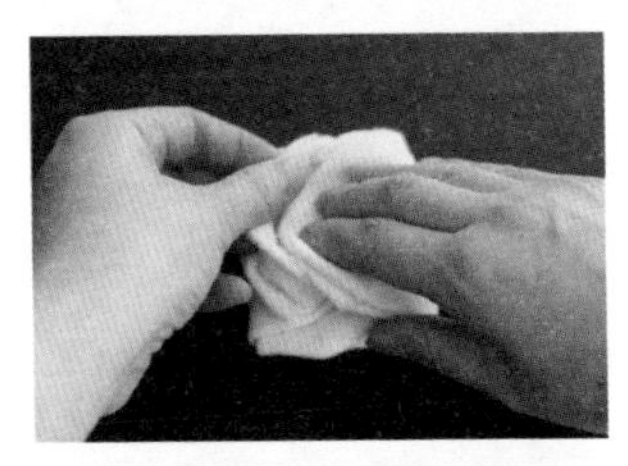

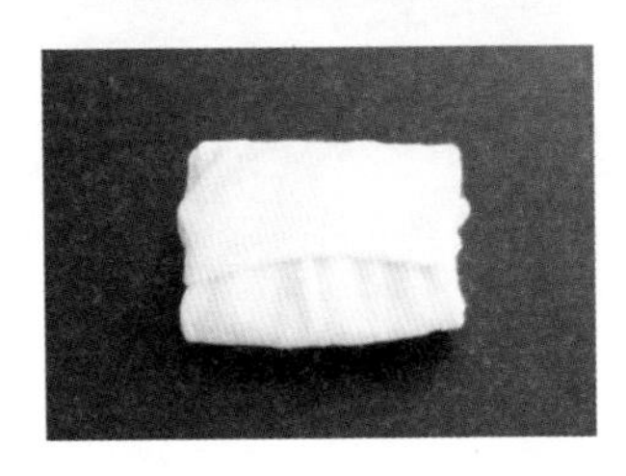

① 将袜子三等分，把脚腕部分如图叠好。

② 将脚趾部分塞进脚腕的松紧带里。

（尺码较大的袜子可以根据脚底的长度先叠一半，然后如图用同样的方法折叠就可以了。）

文胸的折叠方法

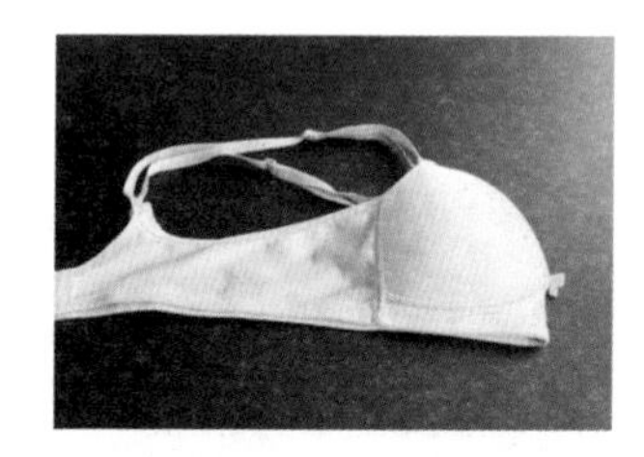

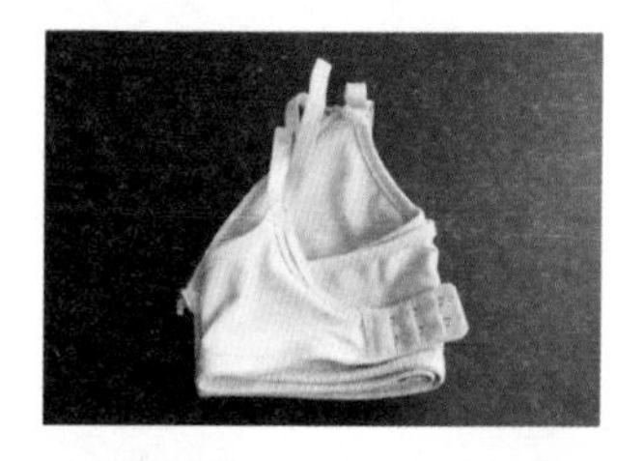

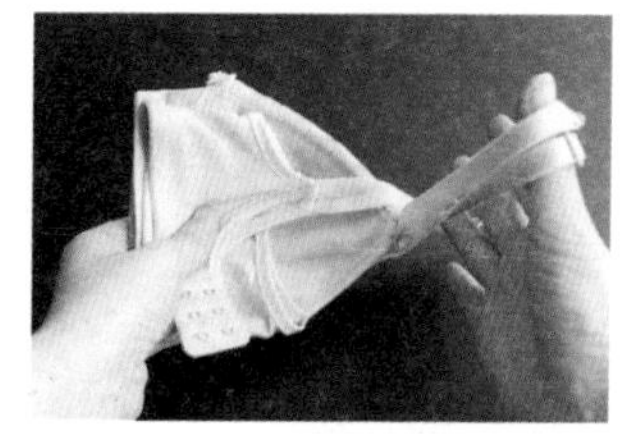

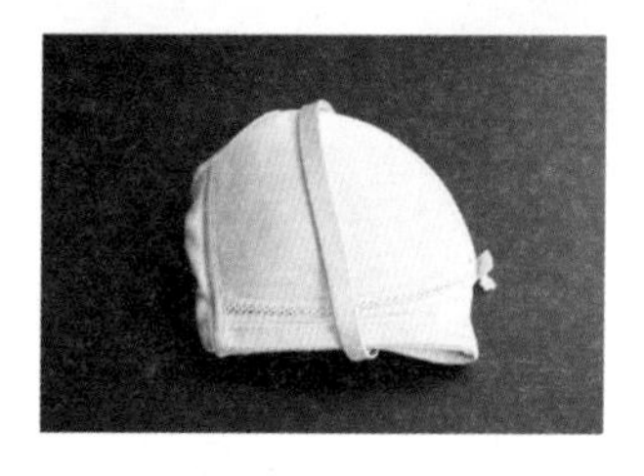

① 先将文胸对折。

② 把带子叠进罩杯里面。

③ 将手放在肩带中间卷一下，形成一个圈。

④ 将肩带圈套在已叠出型的文胸上，把它固定住。

丝袜的折叠方法

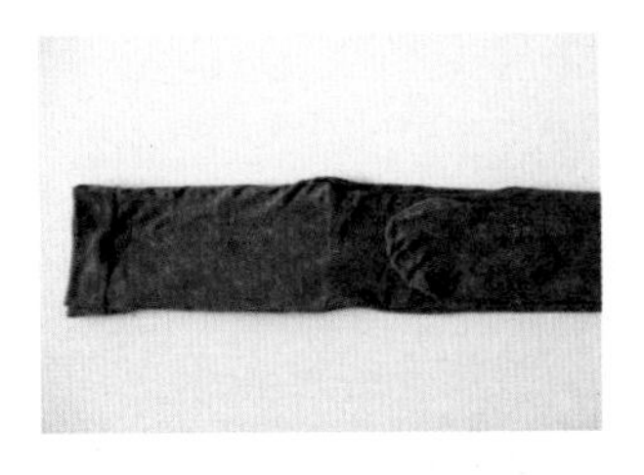

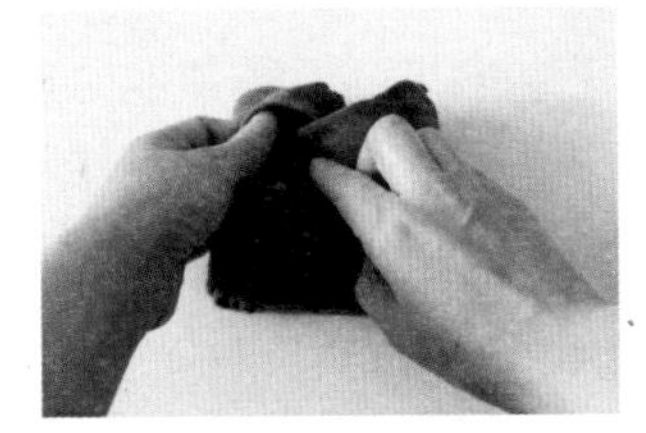

① 先把丝袜竖着对折后，按照长度把丝袜三等分，折两次。

② 在这个状态下，再三等分，先叠松紧带的部分。

③ 把折好的部分塞进松紧带里面。

由于体积大而令人产生负担感的床上用品整理方法

尽管比不上整理衣服那么复杂，但是按照季节去算的话，床上用品的种类也是多种多样的。平时要想从整整齐齐堆着床上用品的地方拿出来一个被子，那可真不是一般的累吧。本来只想把中间的一个被子拿出来，但是其他的东西也都跟着乱了套的事情时有发生。

那么为什么会出现这种情况呢？那是因为放被子的地方不仅很宽，而且还很高。

假设的宽度是 90~100cm 的话，普通人都会将被子与隔板的宽度对齐叠，然后又按照隔板的高度去堆起来。由于被子挤满了整个空间，所以要想从中拿出来一个的话，当然很不方便。

面对这种情况，相应的办法是再安装一个搁板，再改变一下叠被子的方法就能很轻松地解决了。原本自上而下只有一个空格，但再安装进一个搁板就变成了两个。像这样，一个搁板上只放 2~4 床被子，不管是拿还是放就会比之前轻松了很多。根据搁板的不同还可以把床上用品的种类分开放，这样也很好。叠被子的时候宽度可以按照隔板宽度的一半来叠，大概是 40~50cm，这样的话可以放两排。尽管被子的大小可能不太一样，不过在叠的时候尺寸尽量要保持一样。更换周期比较短的枕头套可以和被子分开单独放到抽屉里，这样的话会更方便一些。

16

给被橱安装隔板

附加的搁板可以在小区的木匠铺或者是做柜子的地方买得到。如果是品牌的衣橱还可以向售后服务中心申请安装搁板。在安装搁板的时候需要支架来撑托搁板，所以需要先用工具钻出小洞把支架放进去才行。如果家里没有电钻的话，还可以利用螺丝钉代替支架，把 4 个螺丝钉分别拧到相应的位置，然后把搁板放上去就可以了。不过要注意的是，螺丝钉不能拧的太深，要留下 0.5 cm 左右的长度才行。

小尺寸床上用品的折叠方法

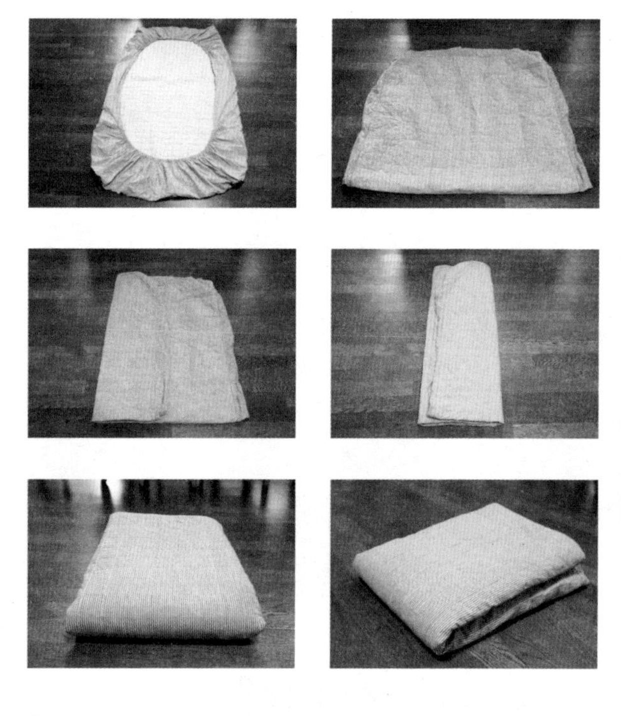

① 向上对折一次。

② 竖着三等分，左右折叠。

③ 向上再对折一次。

大尺寸床上用品的折叠方法

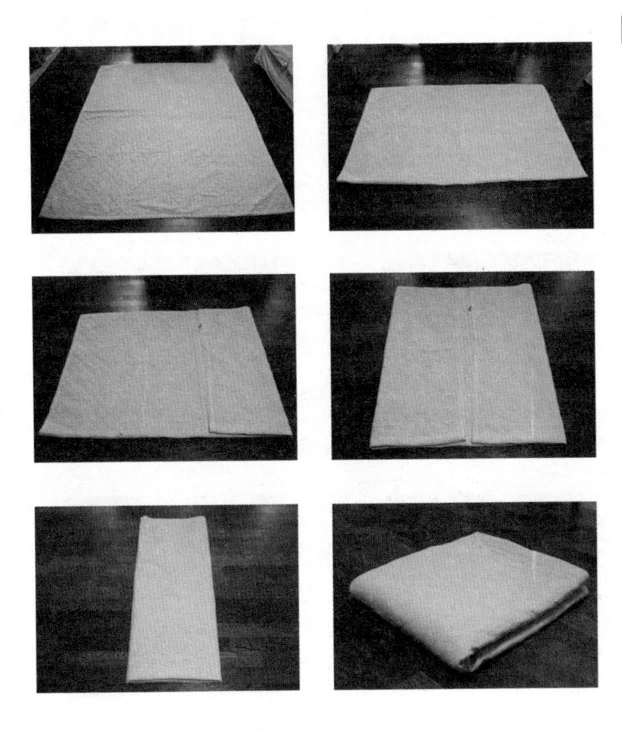

① 向上对折一次。

② 竖着四等分，左右折叠。

③ 再折叠一次。

④ 向上再对折一次。

枕头套的折叠方法

① 把枕头套竖着铺开。

② 向上连续对折两次。

③ 再横着对折两次。

④ 然后竖直放进抽屉里，把折叠的那一面向上让人可以看得见，整理好。

虽然很小，
但效果满分的物品

如果把衣服、被子，还有像包那种大件东西都清理干净了，家里还是显得杂乱的话，那么剩下的原因就在于那些零碎的小东西了。尽管一件小东西放在某个地方并不起眼，但是如果家里到处都是那些小东西的话，就自然成了问题。到处都是散乱的浴室用品，抽屉里的饰品混成一团，到处都是散乱的收据与信件，应急药，还有孩子们做的一些作品。因为整理的目标太小了，所以这些东西也是最难下决心去整理的代表。然而，其实，它们也是利用一点点零碎时间就可以整理达到满足效果的东西。

浴室用品的 4 个整理原则

如果想在一天之内整理完一个空间的话，那么我推荐可以先尝试整理浴室。其中，最为关键的就是整理浴室用品，只要把浴室用品整理好，浴室会感觉到干净、整洁很多。那么，面对到处都散乱着的浴室用品，请参照以下 4 个原则为基准进行整理吧。

第一，减少多余的与浴室关联的用品。洗发露和护发素各 1 瓶、牙刷 4 个、牙膏 1 个、香皂 2~3 个就够用了。

第二，功能重复的洗浴用品，只留下一种。不要把没剩多少的洗发露放在那里和新的一起用。看一下浴室里是否放着很多种沐浴露。不管是浴室还是收纳箱都不是很宽裕的空间，只有把必需用品减少到最小才会看起来干净利落。洗发露 1 瓶，沐浴露也是 1 瓶，这样就足够了。

第三，小样品只留够旅行时需要的量就可以了，如果太多的话，不仅整理起来很难，而且还会占据很多空间。从今天开始，可以先把多出来的小样品一件一件都用掉，只有这样浴室整理起来才会变得简单轻松。

第四，在浴室的收纳柜里放上收纳篮进行整理。女性专用的那些小东西都可以放在收纳篮里整理。

浴室是能够最快体现出打扫效果的地方。只要把必需品按每个种类各一个的方法整理，然后每次在洗澡的时候养成整理的习惯的话，那么就可以一直保持着干净整洁的状态。

21

小饰品的整理方法

饰品挂件之类的东西如果放在一个箱子里的话，总会缠在一起，每次拿的时候都会是一件苦差事。所以，在整理像饰品这类体积小的东西的时候，需要利用隔板来细分化。就像前面说过的基本收纳法中隔板收纳法，利用隔板收纳法的话就能轻松解决这个问题。

市场上的产品中有带隔板的收纳盒或者收纳篮，利用此类产品的效果都很好。像小的耳环之类的物品，也可以利用在药店很容易买到的药瓶来保管，那样会很方便。或者是在抽屉里放上小收纳篮，把空间分离开来，然后再把塑料瓶剪开作为分隔板放进收纳篮里就更好了。如果抽屉的高度太低放不下细分隔板的话，可以在抽屉的下面放上柔软的针织物，把手表之类的东西一个个地展开放上也好。

分很多栏的收纳篮和一些简单的隔板工具等都可以在超市里买得到。

应急药
的整理方法

应急药就像话说的那样，由于是紧急的情况下使用的药，所以一定要整理得让人能很容易就找得到才是最重要的。另外，还要确保药与药之间不能混淆，什么药用于什么症状都要明确地展现在眼前才行。也就是说，在需要某种药的时候一定要立刻就能找得到。这个时候，为了把原来的药细分化整理，运用隔板收纳法与竖直收纳法则非常有效。

把原来装药的纸盒子剪去一半，只把印有有效期的那部分留下，再把药放进去就可以了。不仅仅是药丸类的，药膏类、糖浆、一次性创可贴等都可以用这种方法来进行整理。另外，还要记得把糖浆与药膏的开封日期写清楚。

值得注意的是，要经常检查药品的保质期。不然的话，不能吃的药到时候还会堆满的。

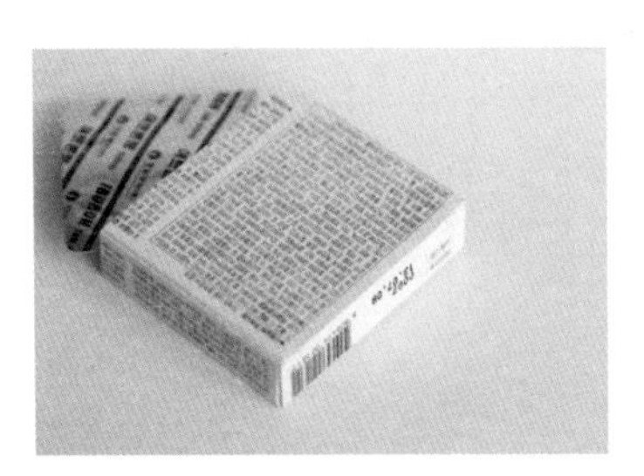

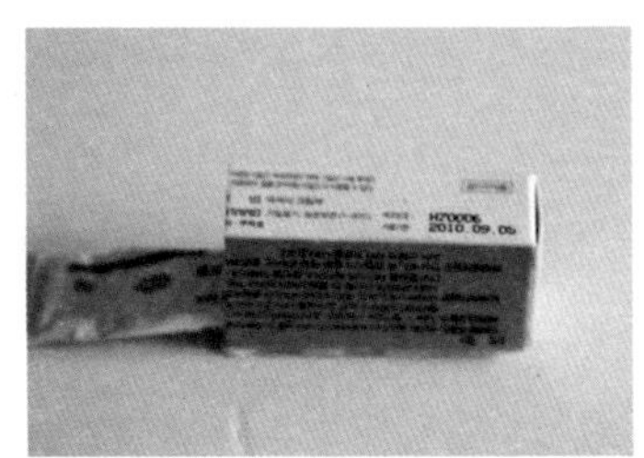

23
各种信件与发票的整理方法

不知不觉就飞到身边的纳税通知书，各种账单，各种发票，还有信件等，大家平时都是怎么保管的呢？这些需要定期保管的东西，又薄，体积又小，通常都会被放在各种地方。经常是因为没有合适的位置，所以就散乱在各处。可是，真正等到需要的时候，又不知道放在了哪里。

其实，整理这些东西并没有那么难，在书桌的抽屉或者是厨房的抽屉里放上一个收纳篮那么就可以很轻松地把这些东西整理好。另外还有一点就是，不需要的广告信件最好当时确认完之后就马上丢掉，这才是正确的整理原则。如果是住在公寓的话，在一层邮箱里取完信件后可以在电梯里确认信件，然后把重要的东西留下，不需要的东西进屋之后就丢掉，这样的话，就不会有因为找不到发票而跑来跑去的事情发生了。

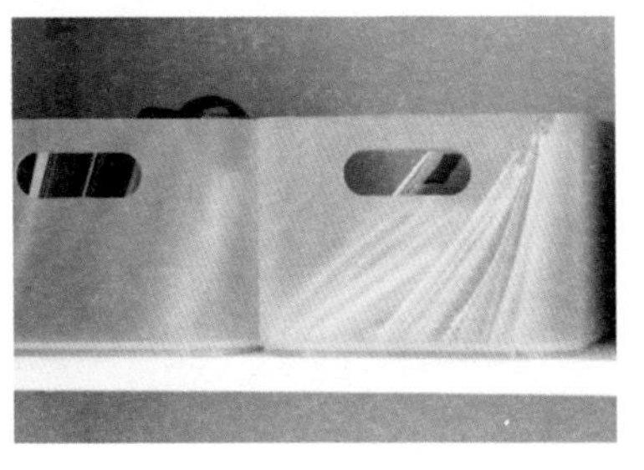

各种信件与发票，也是需要在整理完之后，
定期进行再次整理。按有效期或者是按年度，
把不需要的发票丢掉，只留下必需的物品。

孩子作品的4个整理方法

孩子越年幼，越是喜欢手工制作，有时候一天可能会做出好几件作品。再加上在补习班、幼儿园教室里做的作品，那个量可就更多了。哪怕是孩子随便画的画，但在父母眼中那都是很重要的东西。刚开始的时候感觉很新奇，孩子的精神很可嘉，一件作品都不舍得落下，都一件件地珍藏着，但是随着时间的流逝，数量越来越多，慢慢到了难以承受的境地。要说丢吧，感觉很可惜，继续珍藏吧，空间又不足，这种时候，可以尝试着按阶段去展示孩子们的作品。

第一，刚开始带回来的作品挂在显眼的地方进行展示。可是，如果在房间客厅都贴上的话又会看起来杂乱无章。解决方法是，可以在客厅或者是房间的某一处位置固定一个搁板大小的面积专门进行展示。

第二，如果新作品太多而挂不下的话，可以让孩子在展示过的作品中挑选出一些放进盒子里进行保管。保管的量要根据盒子的大小，不要超出盒子。

第三，盒子如果装满了的话，可以和孩子一起挑选哪些作品需要丢掉，对于将要丢掉的作品可以用相机拍下照片以文件的形式存储在电脑里。还可以把照片打印做成专辑也是个不错的选择。

第四，在那些照片中，把孩子喜欢的作品可以打印出来挂在墙上做成画廊也很好。这也算是一个给孩子树立信心的有效方法。

25

专为职场妈妈们设计的快速整理法

对于职场妈妈们来说，不管怎么样，最缺乏的还是时间。本来既做饭又上班就够忙的了，再加上打扫整理，根本不能像全职主妇那样顾及这些事情。不过，我这里有比普通整理打扫更快、效果更明显的整理技巧。这其中就是要好好地利用收纳篮。

在打扫的时候，或者是整理洗完的衣服的时候，只要有一个收纳篮，就可以节省很多时间。通常，人们大多数都是边把散落在地上的放回原位边打扫。但是如果提前准备一个大收纳篮在打扫卫生之前，先把散落在地上的物品都装进收纳篮里，然后再提着篮子把衣物放回各个房间，最后再进行打扫的话，整理的时间将会比平时节省很多。

同样的道理，洗完的衣服也都叠好放进收纳篮里，然后一次性的拿到各个房间里放起来的话，这样将会大大地提高效率。

在晾衣服的阳台，或者是洗衣机的上面放上一个空收纳篮的话，每次都可以直接将衣服在篮子里面进行整理，这样的话会节省更多的时间，使整理更效率、更快速。

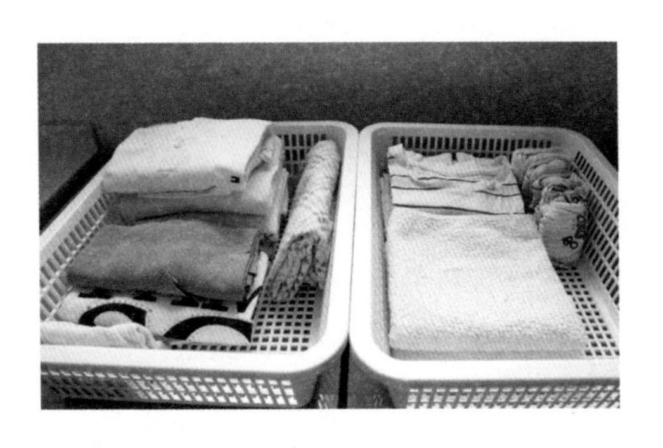

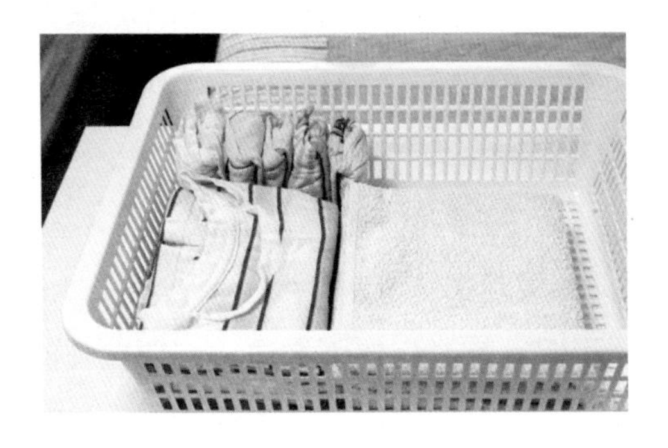

Casa 妈咪的咨询室

整理要从哪里开始才好呢？

对于第一次尝试整理的人来说，我推荐的是，做起来简单且能够尽快整理完的小空间最合适。比如，内衣抽屉、袜子抽屉、放筷子勺子的抽屉、浴室柜这类地方。如果感觉内衣抽屉整理起来量太多的话，可以按照今天叠背心，明天叠内裤的方式，尝试着分开整理。整理一旦开始的话，要做的事情就会出现在眼前。

要从什么物品开始做起呢？

就像之前总是强调过的，只要下定决心想要整理的话，就一定要从丢弃不需要的东西这件事开始做起。不管是分享给别人、丢弃，还是分离回收，只有现在拥有的东西减少了，整理和管理起来才会变得简单，保持与打扫也会变得更容易。在整理各处的物品之前，首先从丢弃开始，慢慢地你就会发现家的空间感会逐渐形成，在买整理工具的时候，这种空间感也会很有帮助。

有没有能够在一天之内就明显整理出效果的地方呢？

人们一旦下定决心去整理之后，就会很希望听到家人和亲戚们的夸奖，“整理了呢，看起来真好~”很想听到这类话语。这种时候，整理浴室是最好的选择。对于浴室，只要下决心整理的话，不仅2小时之内可以完成，并且，这里也是人们一天中要使用好几次的空间。整理的方法可以参考这本书的p208。

总是在整理这边的时候那边又变得乱七八糟。为什么会这样呢？

这种情况，大部分是因为没有先进行选择性丢弃，或者是仅仅改变了东西的位置没有从真正的意义上减少物品才会造成这种情况。感觉一次性丢弃比较难的话，那就分多次去丢，要丢的东西丢完之后再进行整理就可以了。

想知道最常用的收纳篮尺寸是多大？

我用的是可以放进A4印刷纸程度大小，以及300×120×80(单位:mm)这种尺寸的篮子。除此之外，市场上卖的收纳篮种类很多，可以根据自己的需要来进行选择，这样的话，整理起来会更加的方便与快捷。

■ 规格：310×240×80- 整理印刷文件、美术用品、教具的时候使用，也是放在宽隔板上面最常用的尺寸。

■ 规格：300×210×80- 厨房上部的角柜、洗水槽上部柜、书桌隔板等地方使用最多。高度比较低的物品放进篮子里然后再放在搁板上面，按照抽屉式收纳方法去整理比较好。

■ 规格：260×160×110- 整理调味料、酱料、隔板、教具的时候需要。这个尺寸也算是在搁板上面进行抽屉式收纳法整理的时候用得最多的尺寸。

■ 规格：300×120×80- 最适合整理小本书、女性用品、化妆品小样等东西。在整理高度不高、体积又小的东西的时候，以及在整理又窄又长的物品的时候这个尺寸也最有用。特别是在整理小东西的时候篮子里放进剪开的塑料瓶，可以起到隔板的作用，使整理状态保持起来更加地轻松。

需要提前准备的收纳工具有哪些呢？

■ 用来整理内衣的带隔板的收纳盒 - 由于内衣的种类多种多样，在折叠的时候大小也是各种各样。这种工具对于各种尺寸都很适用，用起来也很方便。

■ 四角塑料瓶 - 这件东西不管在哪儿都能很轻易地买到，而且还能按照自己想要的大小去剪，所以很方便。另外由于塑料是透明的在识别物品的时候也会变得更加容易。

■ 多种多样的塑料收纳篮 - 在搁板上整理东西的时候，收纳篮会起到很重要的作用。把收纳篮像抽屉那样去移动的话，后面的东西拿起来也会变得更加容易。

■ 环形挂钩 - 在 S 型的钩子上面挂东西的时候，钩子不用一起取下来会比较方便。像在整理领带、帽子、皮带、包等小件物品的时候，利用挂钩整理会比较方便。

■ 理线带 - 不仅是整理电线，在整理网状物的时候也很有用。

整理起来不是很累，并且无论是谁都能很轻易地使用，价格也便宜。

■ 网片 – 这是制作低成本收纳空间时，一定会用到的工具。在鞋柜里做个鞋架，或者是自制厨房用品的置物架的时候很有用。还可以在想要的大小范围内个性组合接起来使用，十分地简单，并且不用的时候还可以分离开，单独进行收纳整理。

收纳箱要买什么样的好呢？

韩国品牌的收纳箱质量其实都差不多。购买褐色、驼色及黑白色系列的话，会看起来更有整理的感觉。至于尺寸，要以放进物品之后大约有 2~3 cm 的多余空间为标准，这样的话使用起来会更加的方便。如果想把箱子用来做抽屉使用的话，可以选择 400×500×220（单位：mm）大小的尺寸，如果只是用来长期保管的话，则可以选择 400×500×300（单位：mm）的大型尺寸。

收纳工具要去哪里买呢？

一般的大型超市、百货商场、乐扣乐扣、2001 折扣购物中心等地方可以轻松地挑选到各种各样的相关产品。最近在很多网站上也在卖着各式各样的收纳工具。

收纳方案要怎么样去得到呢？

首先，要想一下不方便的时候怎么样才能变得更加方便，思考完之后再找一下合适的收纳工具，这个时候通常很容易会想到方案。再想不出收纳方案的时候，也可以借助网上那些卖收纳工具的网站。往往自己认为不方便的地方，别人也同样会认为不方便，所以通常会有解决那件问题的收纳工具出现。

看收纳方法介绍的时候，经常会用到螺丝钉，一定需要钻孔吗？

并不是那样的。通常，钻孔只是在收纳柜里安装搁板的时候，或者是使用螺丝钉代替钩子的时候才会用到。现在家庭里大部分的收纳柜的板材都可以直接用螺丝刀钻孔。螺丝钉不好进的时候用锤子轻轻地扶着敲，然后再用螺丝刀钻的话就很容易了。

想帮父母整理房间，但是父母却不愿意丢弃多余的物品，该怎么办呢？

首先，对长辈强制要求或者施压只会给双方都留下不好的印象，绝对没有任何帮助。所以要在不丢弃的情况下，尽量把屋子整理得干净、整洁。用收纳工具叠衣服，把筷子和筷子放在一块，勺子和勺子放在一块。那样整理完之后再去说服父母。因为本来是为了父母能够生活得更方便所以才帮忙整理的，比起让父母心里变得不开心，还是慢慢地去引导的好。

小房间变成了仓库，孩子就要上初中了。想给孩子做一个学习的房间，该怎么办呢？

首先，房间里的行李要边确认边丢弃才行。其次，房间里与孩子无关的物品都要向主要使用它们的空间里移动。然后，把孩子的东西全都挪到客厅里。把空出来的房间干干净净地打扫一遍，之后就可以在房间里布置需要的家具，在家具里整理孩子的物品了。

最后，要把散落在家里各个地方的孩子的东西全都集中到孩子的房间里进行整理。如果家具布置起来比较吃力的话，那么，首先要将不是孩子的东西都拿出来，只把需要的东西留下之后再去整理。具体的整理方法可以参考我的博客，那里有具体的介绍。

家里只有两个房间，孩子们却想各自要一个房间，该怎么办呢？

有两个孩子两个房间的话，可以把大的房间给孩子们用，然后用隔板把各自的空间隔离开就可以了。也就是把书桌和收纳柜分开，隔板没必要到天花板那么高，只需要比孩子的身高高一点那种程度就行了。

孩子的衣服要单独买衣架吗？

孩子的衣服肩膀宽度比较窄，所以用成人的衣架比较的不方便。这种时候只要把洗衣店的那种衣架像图片中的这样弯曲就可以了。不需要借助其他特别的工具，用手就可以轻松做出来。

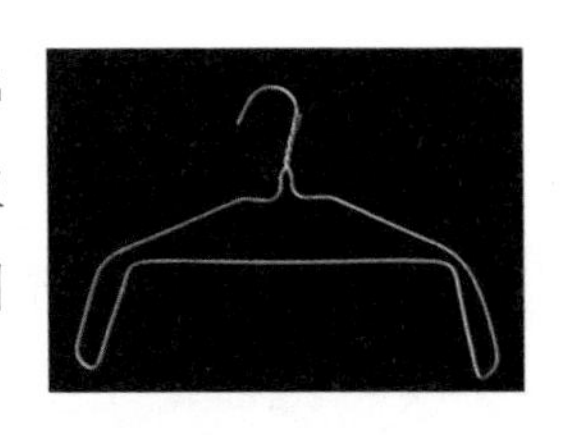

总说整理衣服，但卧室还总是乱成一片。不能保持干净整洁的原因是什么呢？

对于平时穿一次不洗还要继续穿的衣服是怎么管理的呢？

一般室内的衣服都是要穿上几次的，这种情况下如果这些室内的衣服不能整理好的话，那么就有可能出现这种情况了。这种时候依靠收纳空间、收纳工具、收纳原理是解决问题的关键。也就是说，要先确定出室内服装与那些还要再穿一次的衣服要放的空间。是放在门后，还是挂在墙上，或者是放进衣橱里，某个角落里，等等，这些问题要先想好。在确定完空间之后，就要决定合适的收纳工具了，可以在门上面钉一个螺丝钉，也可以是挂在门上等多种多样的方法。最后就是要规定洗衣服的原则了。是穿一次就洗的衣服，还是穿两次再洗的衣服，提前确定好的话就不会发生不穿的衣服一直挂在衣架上的事了。并且不穿的衣服如果挂在那里超过一周的话，都要拿下来洗洗才行。

衣服要按照周期性来丢吗？

如果是按周期性来丢的话，要多久丢一次才好呢？

对于已经整理好的家来说，每当换季的时候整理一次就可以了。不过，在一个季节结束的时候整理是最好的时机。比如说孩子的衣服吧，当崭新的季节来临的时候，把小衣服拿出来，原本就小的衣服可能只能再保留 6 个月到 1 年。而在季节结束的时候，把那些变小的衣服或者是明年肯定会变小的衣服拿出来提前分享给别人的话是最合适的。

洗衣店里得来的衣架太多了，该怎么处理呢？

这些衣架可以选择重新送回洗衣店，或者也可以再利用——用来挂包包，挂帽子，挂皮带都很好。也可以做成专门挂孩子衣服的衣架。进我的博客里面看的话，有很多的再利用方法。

长衣服太多，高的挂杆不足，短衣服的挂杆还剩下很多，为了不买更多的挂钩有什么好的解决办法吗？

就像图片中展示的那样，先把长衣服挂在衣架上，把衣服的下半部分用夹裤子的衣架夹起来，然后向上叠一半就可以缩短长度了。不过，如果不是羽绒服的话，会产生被夹子夹过的印记。这种情况下可以给衣服戴上衣套再用夹子夹就可以了。可以想成和西服套一样的原理。

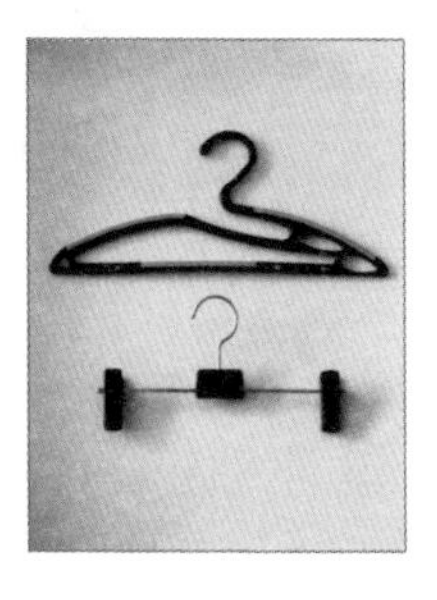

第一个孩子的衣服想留给第二个孩子穿，所以旧衣服一直都留着，感觉很有负担。有没有什么好的整理方法呢？

孩子们也有自己不同的喜好，只爱穿自己喜欢的衣服。因此，没必要把所有的衣服都留着，先要确定家里有多大的空间可以使用，确认完之后，再决定要保管的量。也就是在整理的时候，留够给孩子穿的，以及在固定空间的承受范围之内就可以了。另外一点就是室内外用品要放在阳台上，鞋子分开放在鞋柜里，这样的话就能不错过时机留给孩子穿了。

厨房没有整理好，所以也不想做饭，每天都是买着吃。要怎样开始整理呢？

之所以会感觉做饭的时候很麻烦，大部分是因为处理台上面堆的那些东西。所以，一定要从整理处理台开始，把上面多余的东西都清理到洗水槽的顶柜里去。这样的话，必须要从收纳柜里的一次性容器开始丢掉才行。把收纳柜空出来之后再把处理台上面的东西放进去。该放调味料的地方就放调味料，该放平底锅的地方就放平底锅。把经常用的厨房用具留下，其他的东西都放回原来的位置上去。

抽屉太深了，衣服该怎么放呢？

抽屉如果很深的话，把厚衣服放进去是减少死亡空间的最好方法。如果需要放内衣的话，可以买三个同样大小的收纳篮，上下交叉着放。这个时候可以选择下面放两个，上面放一个的方式，上面的那个篮子就可以像一扇活动门一样的左右移动，因此下面的衣服也很容易拿出来了。

抽屉的高度太低，要怎么灵活使用才好呢？

一定要在里面放衣服的话，可以采用卷起来的方式，把衣服放进去。但是，对于这种高度很低的抽屉，如果用来放内衣、饰品、珠宝首饰、手表、眼镜的话会更方便一些。尺寸比较小的物品放在高度比较低的抽屉里，反而不会产生空间浪费，提高收纳的效率。

鞋子太多了，该怎么整理才好呢？

因为鞋子太多而困扰的话，可以尝试着使用一下鞋子整理架。它可以使隔板上面的死亡空间有效地被利用。如果好好利用鞋子整理架的话，原本可以放下五双鞋子的地方，将可以放进七双。鞋子整理架可以在大型超市和网上很便宜的购买到，另外由于种类比较多，所以可以自由地选择自己喜欢的风格。不过，最重要的还是要遵循，只把需要的物品留下这个原则。

积木类玩具真的好多，该怎么整理呢？

根据形态的不同，大概可以分为两类来整理。第一种，放进箱子里保管，如果感觉放在箱子里拿来放去不方便的话，可以买塑料的箱子，按照产品的类别不同来分开保管。将写好的产品名放进箱子里，说明书可以放在保鲜袋或文件夹里进行保管。第二种，如果是从别人那里收到的，或者是由于管理不善，各种产品混合在一起的话，可以一次性地放进大的收纳篮里保管。但是，孩子们经常玩的枪、皮球等物品要单独挑选出来整理。至于说明书的保管和第一种方法一样。

SPD 0535

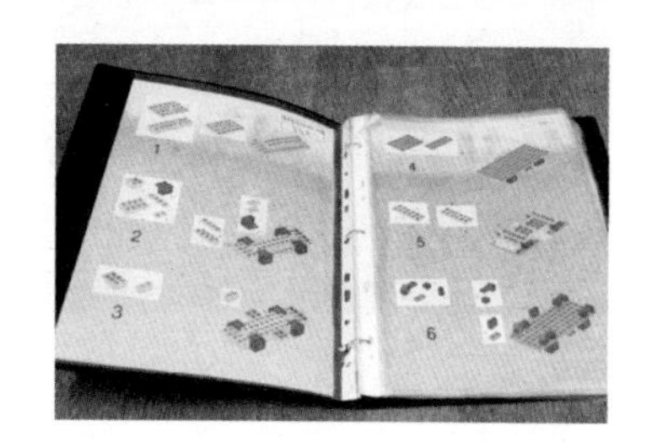

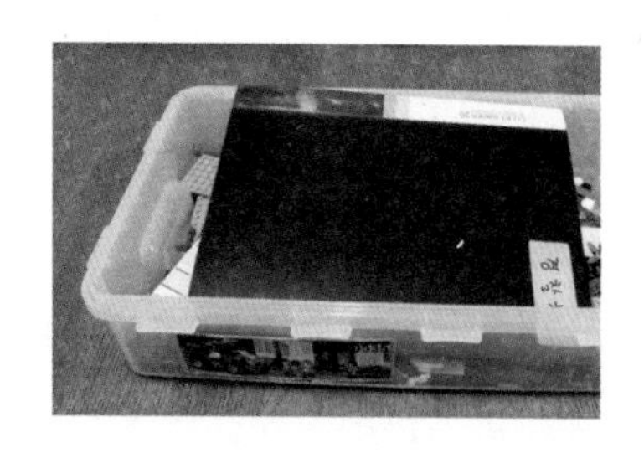

因为孩子们主要都是在客厅里玩，客厅里经常会有孩子的玩具出现。

由于客厅变得很乱，所以心里很有压力，这些玩具应该怎样去整理呢？

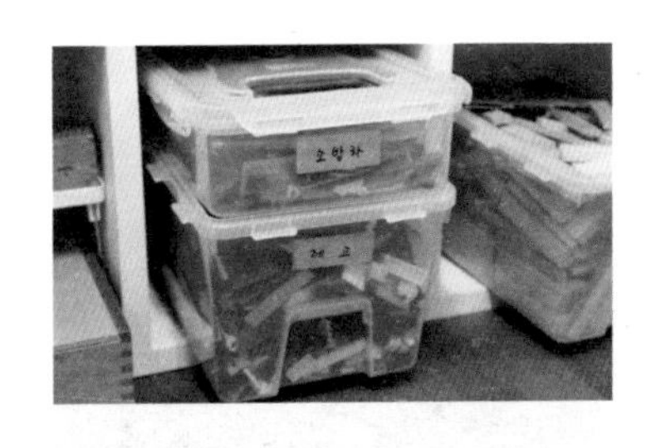

不要把玩具全都放在客厅，可以按照类别的不同来分类，然后按照不同的空间来整理就可以了。棋牌类、拼图、教具等可以放在孩子的房间里，娃娃与玩具可以放在大的收纳篮里，只把经常玩的东西放在客厅就可以了。比孩子年龄大的玩具可以先放在孩子的房间里，等时机到了再拿出来。就像这样，重置玩具的位置，管理起来也很方便，卧室也会变得整洁很多。

丢失了一块拼图会很为难，要怎么管理拼图才好呢？

把拼图碎片与拼图版标上相同的号码，然后放在保鲜袋里保管。例如，在拼图碎片的背面全部标上数字 1 号，那么拼图版上面也标注 1 号，最后在保鲜袋上面也写上 1 号。这样的话，就算拼图碎片混淆或者是一个拼图碎片在其他地方发现了，也能很轻松地放回它原来的位子。

偶尔使用的东西太多，阳台变得很乱，要以什么方法来整理才好呢？

这需要确认一下您所说的偶尔使用的东西，是指间歇性使用的物品，还是 2 年以上都不使用的物品。首先，只有把该丢的东西先丢掉，这样才会产生整理的空间。通常，主阳台大多都是用来放客厅和房间使用的风扇、地毯、席子、保暖用品等物品的。次阳台则用于整理辅助厨房，以及洗衣房里大的提水桶、泡菜桶、冰块箱等体积大的东西，以及使用频率不高的厨房用品。与洗涤有关的洗衣粉、洗涤工具、抹布、多余的洗衣粉等通常也在次阳台收纳。就以这种方式按照种类，主次分开来整理的话，不仅不容易混淆，而且找起来也很轻松。

理家胜于理财

一天 30 分钟　只需 6 个月

就能改变你的家　改变你的人生

北京市版权局著作权合同登记　图字01-2015-1016号

图书在版编目（CIP）数据

Casa妈咪幸福整理术：整理家就是整理内心 / （韩）沈贤珠著；张亚东译. —北京：中国铁道出版社，2016.4（2016.6重印）
ISBN 978-7-113-21263-6

Ⅰ. ①C… Ⅱ. ①沈… ②张… Ⅲ. ①家庭管理—通俗读物 Ⅳ. ①TS976.1-49

中国版本图书馆CIP数据核字(2015)第317007号

书　　名：Casa妈咪幸福整理术：整理家就是整理内心
作　　者：[韩]沈贤珠/著　张亚东/译

责任编辑：郭景思
装帧设计：博　翱
责任校对：王　杰
责任印制：赵星辰

出版发行：中国铁道出版社（100054，北京市西城区右安门西街8号）
网　　址：http://www.tdpress.com
印　　刷：中国铁道出版社印刷厂
版　　次：2016年4月第1版　　2016年6月第2次印刷
开　　本：880 mm × 1 230 mm　1/32　印张：7.75　字数：159千
书　　号：ISBN 978-7-113-21263-6
定　　价：39.80元